Frank Ziegler · Blitz- und Überspannungsschutz

de-FACHWISSEN

Die Fachbuchreihe
für Elektro- und Gebäudetechniker
in Handwerk und Industrie

Frank Ziegler

Blitz- und Überspannungsschutz

Grundlagen und praktische Umsetzung nach DIN VDE 0100-443 und -534

Hüthig · München/Heidelberg

Bibliografische Information Der Deutschen Nationalbibliothek
Die Deutsche Nationalbibliothek verzeichnet diese Publikation in der Deutschen Nationalbibliografie; detaillierte bibliografische Daten sind im Internet unter http://dnb.ddb.de abrufbar.

Möchten Sie Ihre Meinung zu diesem Buch abgeben?
Dann schicken Sie eine E-Mail an das Lektorat
im Hüthig Verlag:
buchservice@huethig.de
Autor und Verlag freuen sich über Ihre Rückmeldung.

ISSN 1438-8707
ISBN 978-3-8101-0435-9

Printed in Germany
Titelbild, Layout, Satz: schwesinger, galeo:design
Titelfoto: DEHN + SÖHNE GmbH + Co.KG.
Druck: Kessler Druck + Medien GmbH, Bobingen

Vorwort

Schadensereignisse bei Überspannung sind in den letzten Jahrzenten aufgrund der sich sehr schnell verändernden technischen Strukturen und der damit verbundenen höheren Anfälligkeit der technischen Einrichtungen gegen Überspannungsereignisse überproportional angestiegen.

Aus diesem Kontext heraus wurden schon in früheren Zeiten mehr oder weniger wirksame „Schutzmaßnahmen" gegen den Einschlag eines Blitzes realisiert.

Die Vorgaben des Gesetzgebers bzw. der Exekutive beziehen sich seit ein paar Jahren nun auch auf Schutzzielanforderungen für den sogenannten „Inneren Blitzschutz".

In jüngster Zeit wird das Themenfeld des Blitz- und Überspannungsschutzes zudem auch von der elektrotechnischen Normung mit immer mehr technischen Standards, Normen und für die Praxis besonders wichtig technischen Leitfäden und Beiblättern zu Normen wesentlich besser abgedeckt.

So wurde in den letzten zehn Jahren mit der Normenreihe DIN EN 62305 (VDE 0185-305) ein sehr umfangreiches Normenwerk im Bereich des Blitzschutzes auf der Grundlage eines technisch hohen und zeitgemäßen Wissensschatzes erarbeitet.

Von mindestens genauso großer Bedeutung ist aber der Einzug des Überspannungsschutzes in die klassische Elektrotechnik mit der Einführung der DIN VDE 0100-443 im Jahre 2002 und der DIN VDE 0100-534 im Jahr 2009.

Mit der Neuveröffentlichung der DIN VDE 0100-443 und DIN VDE0100-534 im Jahr 2016 wurde ein sehr großer Schritt zum Ausbau des Schutzkonzeptes der Isolationskoordination bei transienten, also sehr kurzzeitigen Spannungsüberhöhungen in elektrischen Anlagen vollzogen.

Somit liegt der Schwerpunkt dieses Buches neben den bisher bekannten Sachverhalten, Normen und technischen Parametern auf den zum Teil tiefgreifenden Neuerungen der DIN VDE 0100-443 und der DIN VDE 0100-534, die im Herbst 2016 herausgegeben wurden. Dem Autor selbst war es vergönnt die letzten Jahre des Entstehungsprozesses der aktuellen DIN VDE 0100-443 und der DIN VDE 0100-534 im normativen Bereich zu begleiten und an den beiden Normen mitarbeiten zu dürfen.

In diesem Buch wird versucht, eine Brücke zwischen den komplexen physikalischen Gesetzmäßigkeiten, den meist für den Praktiker sehr abstrakten Anforderungen der Normen und den in der Praxis auftretenden Problemen zu schlagen.

Frank Ziegler

Inhaltsverzeichnis

1 Grundlagen Blitz- und Überspannungsschutz

Die seit Jahrtausenden als Blitzschadensereignisse bekannten direkten oder indirekten Folgen eines Blitzeinschlages beschäftigen die Menschen seit langer Zeit, da diese in der Regel mit großen Schäden an Gebäuden oder technischen Einrichtungen oder gar dem Verlust von Menschenleben einhergehen.

Aus diesem Kontext heraus wurden schon in früheren Zeiten mehr oder weniger wirksame „Schutzmaßnahmen" gegen den Einschlag eines Blitzes realisiert.

In der jüngeren Zeitgeschichte Kamen auch noch Schutzmaßnahmen gegen Überspannungs-Schadensereignisse hinzu, die in der Regel Schäden an technischen Anlagen hervorrufen und für deren Ausfall verantwortlich zeichnen. Ohne langatmige Versicherungsstatistiken zu zitieren, ist dieser Anteil der Überspannungs-Schadensereignisse in den letzten zwei Jahrzenten aufgrund der sich sehr schnell verändernden technischen Strukturen überproportional angestiegen. Auf Grundlage der Prüfung sowie Analyse verschiedener Statistiken und sonstiger Quellen der Schadensanalyse kann nach den Erkenntnissen des Autors davon ausgegangen werden, dass Blitz- und Überspannungsschäden im Mittel des betrachteten Zeitraums von ca. 20 Jahren 30 % aller aufgenommen Gebäude- und Anlageschäden ausmachen.

In Bezug auf die Gesamtschadenssumme, die zur Schadensbehebung aufgewendet werden musste, sind ca. 15 % bis 20 % für Blitz- und Überspannungsschäden anzusetzen. Dieser relative große Unterschied zwischen Schadensanzahl und Schadenssumme begründet sich aus der großen Anzahl von kleineren und mittleren Schadensereignissen, die aus den typischen Schadensfällen im Bereich „Blitz- und Überspannungsschäden" herauszuarbeiten sind.

Zusätzlich dürfen bei allen Betrachtungen zu Schadenszahlen die schweren Blitz- und Überspannungsschäden nicht in Vergessenheit geraten, bei denen Menschen oder Nutztiere zu Schaden kommen oder sehr hohe Schadenssummen zur Regulierung aufgewendet werden müssen. Aus diesem Kontext heraus hat auch der Gesetzgeber vor langer Zeit schon Rechtsverordnungen erlassen, die den Schutz der Bevölkerung vor Blitzeinwirkungen als ein grundsätzliches Rechtsgut verankern. Zudem wurden für *gewisse Gebäude oder sonstige Schutzbereiche* Maßnahmen gegen Blitzeinwirkungen per Verordnung oder als Bauauflage für den Betreiber der Gebäude verpflichtend vorgegeben.

Diese Vorgaben des Gesetzgebers bzw. der Exekutiven ergaben sich in den vergangenen zwanzig bis dreißig Jahren als Konsequenz aus der immer höheren technischen Ausstattung (und somit auch der höheren Sensibilität der technischen Einrichtungen gegen Überspannungsereignisse) der Gebäudetechnik. Neben Schutzmaßnahmen gegen die Auswirkungen eines Blitzschadensereignisses auf die gebäudetechnische Ausstattung ergeben sich für die Gebäudetechnik nun auch Schutzzielanforderungen für den sogenannten „inneren Blitzschutz“. Auch wenn diese meist sehr rudimentären Anforderungen der staatlichen Gewalt in der Regel noch durch einen „Experten“ im Bereich Blitz- und Überspannungsschutz in eine praktisch umsetzbare Fachplanung und später auch in eine Fachausführung umgesetzt werden müssen, ist Prozess des Umdenkens der letzten Jahrzehnte nur zu begrüßen, da heute ein Gebäude ohne funktionsfähige Gebäudetechnik nicht mehr sicher zu betreiben ist.

In jüngster Zeit wird nun auch von der elektrotechnischen Normung das Themenfeld des Blitz- und Überspannungsschutzes mit immer mehr technischen Standards, Normen und – für die Praxis besonders wichtig – auch technischen Leitfäden und Beiblättern zu Normen wesentlich besser abgedeckt.

So wurde in den letzten zehn Jahren mit der Normenreihe DIN EN 62305 (VDE 0185-305) ein sehr umfangreiches Normenwerk im Bereich des Blitzschutzes auf einem technisch hohen und sehr zeitgemäßen Wissensschatz erarbeitet. Aber von mindestens genauso großer Bedeutung ist der Einzug des Überspannungsschutzes in die klassische Elektrotechnik, was mit der Einführung der DIN VDE 0100-443 im Jahr 2002 und der DIN VDE 0100-534 im Jahr 2009 sowie ständigen Vorschreibungen der beiden Normen bis zur aktuellen Neuveröffentlichung im Jahr 2016 gewährleistet wurde.

Auch wenn diese beiden Normen aus dem Bereich der VDE-0100-Normenwelt eigentlich nur den Schutz vor Überspannungsereignissen aus fernen Blitzeinschlägen und Schaltüberspannungen als normativen Regelungsbereich kennen, wird gerade mit den Anforderungen der Neuveröffentlichung im Jahr 2016 ein sehr großer Schritt in Richtung Ausbau des Schutzkonzepts der Isolationskoordination bei transienten (sehr kurzzeitigen) Spannungsüberhöhungen in elektrischen Anlagen gemacht.

Da ein Schutzkonzept für Überspannungsereignisse aus fernen Blitzeischlägen und Schaltüberspannungen für *sämtliche elektrische Anlagen* aufgrund der vorab dargestellten Entwicklungen dringend erforderlich wurde, wurde bei der Entwicklung der DIN VDE 0100-443 und DIN VDE 0100-534 bewusst auf eine Abgrenzung zur Normenwelt der DIN EN 62305 (VDE 0185-305) geachtet, die einen kompletten Schutz gegen die Blitzeinwirkungen und somit auch gegen direkte Blitzeinschläge als Ziel ausruft. Zudem hat die Normenreihe der VDE 0100 für praktisch alle Niederspannungsanlagen Gültigkeit, wogegen die überwiegende Mehrheit der elektrischen Anlagen in Deutschland und Europa nicht in den Regelungsbereich der Normenreihe DIN EN 62305 (VDE 0185-305) fallen, da für sie keine gesetzliche Vorgabe zur Errichtung einer kompletten Blitzschutzanlage besteht. Somit wird über die Normenreihe der VDE 0100 auch bei diesen Anlagen ein Schutzkonzept für die Isolationskoordination bei transienten Spannungsüberhöhungen sichergestellt.

Auf welche andere Weise hätte den immer höheren Schäden im Bereich der Blitz- und Überspannungs-Schadensereignisse in der Praxis Rechnung getragen werden können?

Somit befasst sich auch der Schwerpunkt dieses Buches neben den bisher bekannten Sachverhalten, Normen und technischen Parametern mit den zum Teil tiefgreifenden Neuerungen der DIN VDE 0100-443 und der DIN VDE 0100-534, die im Herbst 2016 herausgegeben wurden. Dem Autor selbst war es vergönnt, die letzten Jahre des Entstehungsprozesses der aktuellen DIN VDE 0100-443 und der DIN VDE 0100-534 im normativen Bereich zu begleiten und an den beiden Normen mitarbeiten zu dürfen.

Selbstverständlich sind die DIN VDE 0100-443 und die DIN VDE 0100-534 im internationalen Normungsprozess harmonisiert bearbeitet und entwickelt worden, was aus Gründen der Einheitlichkeit im Normungsprozess und zum Abbau von Handelshemmnissen im europäischen Binnenmarkt seit vielen Jahrzenten den Status quo darstellt.

In diesem Buch wird versucht, den Brückenschlag zwischen der Umsetzung der physikalischen Gesetzmäßigkeiten, den meist für den Praktiker sehr abstrakten Anforderungen der Normen und der Praxis zu bewerkstelligen.

1.1 Blitzparameter

In diesem Abschnitt des Buches werden die wichtigsten Parameter und physikalischen Ansätze der direkten und indirekten Blitzeinwirkungen (LEMP – lightning electromagnetic pulse) dargestellt.

Auch wenn der Schwerpunkt des Buches ein anderer ist, ist dies zum weiteren Verständnis von entscheidender Bedeutung, da die praktische Umsetzung der in den einschlägigen Normen (auch in der DIN VDE 0100-443 und DIN VDE 0100-534) beschriebenen Anforderungen sonst von vornherein zum Scheitern verurteilt ist.

> Hier gilt: Was der Praktiker im Fachbereich der Elektrotechnik nicht wirklich verstanden hat, wird trotz aller Vorschriften in der Praxis bestenfalls halbherzig und meist wiederwillig und dann fast immer auch falsch umgesetzt.

Dies bestätigen die Erfahrungen des Autors bei technischen Abnahmen, Projektsteuerungen und Schadensbegutachtungen.

Des Weiteren fällt es dem Praktiker sehr häufig sehr schwer, den normativen Mindeststandard und die weiteren technischen Möglichkeiten von mancher etwas zu optimistischen Aussage eines Herstellervertreters abzugrenzen, was meist ohne großen Aufwand und Normenstudium allein schon durch einige grundlegende Betrachtungen und Analysen der wichtigsten Parameter und physikalischen Ansätze der Blitzeinwirkungen oder der zu erwarteten Schaltüberspannung möglich wäre. Mit diesem Buch soll dem Praktiker deshalb auch ein Nachschlagewerk für tägliche praktische Anwendungen an die Hand gegeben werden.

Wichtig ist aber, und deshalb wird dies auch im Rahmen diese Buches häufiger wiederholt, dass es keinen perfekten Schutz gegen die Auswirkungen oder die Einwirkungen von direkten oder auch indirekten Blitzeinwirkungen geben kann.

> Hier gilt: Erst Analysieren, was in den Normen gefordert wird und was der Kunde oder Nutzer möchte bzw. wünscht, und sich dann mit der notwendigen Planung, den notwendigen Projektierungsansätzen und Produkten sowie deren Installation auseinandersetzten.

Folgende Parameter des Blitzereignisses sind von wesentlicher Bedeutung und werden in der **Tabelle 1.1** komprimiert dargestellt.

- **Erster positiver Stoßstrom**
  Scheitelwert, Maximalwert des ersten auftretenden positiven Blitzstroms.
- **Erster negativer Stoßstrom**
  Scheitelwert, Maximalwert des ersten auftretenden negativen Blitzstroms.
- **Langzeitstrom**
  Teilblitz, der einem andauernden Strom entspricht.
  Die Dauer dieses Langzeitstroms (Zeitdauer vom 10-%-Wert der Stirn bis zum 10-%-Wert des Rückens) ist üblicherweise größer als 2 ms und kleiner als 1 s.
- **Ladung des Blitzes *Q***
  Zeitintegral des Blitzstroms über die gesamte Blitzdauer.
- **spezifische Energie *W/R***
  Zeitintegral des Quadrates des Blitzstroms über die gesamte Blitzdauer. Diese Größe stellt die vom Blitzstrom an einen Einheitswiderstand abgegebene Energie dar. Spezifische Energie eines Stoßstroms-Integrals über die Zeit und des Quadrates des Blitzstroms über die Dauer des jeweiligen Stoßstroms.
- **Stirnzeit des Stoßstroms**
  Virtueller Parameteransatz, normativ festgelegt als das 1,25-fache der Zeit zwischen den Punkten, an denen der Strom 10 % und 90 % seines Scheitelwertes durchläuft.
- **Rückenhalbwertzeit des Stoßstroms**
  virtueller Parameteransatz, normativ festgelegt als das Zeitintervall zwischen virtuellem Beginn und dem Zeitpunkt, an dem der Strom im Rücken den Halbwert des Scheitelwertes wieder unterschreitet.
- **Dauer des Langzeitstroms**
  Zeitdauer, während der die Amplitude eines Langzeitstroms größer als 10 % des Scheitelwertes ist.
- **Blitzdauer**
  Zeitdauer, in der der Blitzstrom am Einschlagpunkt fließt.
- **mittlere Steilheit des Stoßstroms**
  Mittlere Änderungsgeschwindigkeit des Stroms im Intervall $\Delta t = t_2 - t_1$.
- **Wellenform**
  Zeitlich und Amplituden bedingte Definition einer Strom-Zeitgröße über ihre Anstiegs- und Rückenhalbwertszeit.

Der ungefähre *zeitliche Verlauf* eines typischen Blitzereignisses kann **Bild 1.1** entnommen werden.

Parameter	Gefährdungspegel			
	I	II	III	IV
Erster positiver Stoßstrom				
Scheitelwert I in kA	200	150	100	
Ladung des Stoßstroms Q_{short} in C	100	75	50	
spezifische Energie W/R in MJ/Ω	10	5,6	2,5	
Wellenform T_1/T_2 in µs/µs	10/350			
Erster negativer Stoßstrom				
Scheitelwert I in kA	100	75	50	
mittlere Steilheit di/dt in kA/µs	100	75	50	
Wellenform T_1/T_2 in µs/µs	1/200			
Folgestoßstrom				
Scheitelwert I in kA	50	37,5	25	
mittlere Steilheit di/dt in kA/µs	200	150	100	
Wellenform T_1/T_2 in µs/µs	0,25/100			
Langzeitstrom				
Ladung des Langzeitstroms Q_{long} in C	200	150	100	
Zeit T_{long} in s	0,5			
Blitz				
Ladung des Blitzes Q_{flash} in C	300	225	150	

Quelle: Fa. Dehn und Söhne

Tabelle 1.1 *Blitzstromparameter*

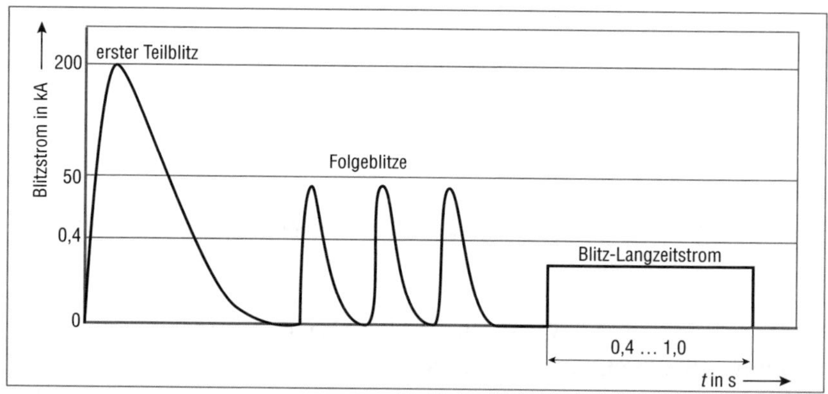

Bild 1.1 *Blitzstromparameter zeitlicher Verlauf*

Im Bild 1.1 ist ein typischer Blitzstrom an einem Einschlagpunkt in seinen zeitlichen und seinen Amplitudenausprägungen dargestellt. Auffällig ist hier der sehr hohe erste Teilblitzstrom, auch Kurzzeitteilblitzstrom genannt, der den maximalen Scheitelwert des hier positiven Blitzstromes darstellt.

Gefolgt wird dieser von mehreren Teilblitzströmen (nachfolgenden Teilblitzströmen) und dem bis zu einer Sekunde andauernden Langzeitstrom (Langzeitteilblitzstrom).

Die Planung einer Blitzschutzanlage zielt in ihrer Gesamtheit nicht nur darauf ab, den ersten Teilblitzstrom, auch Kurzzeitteilblitzstrom genannt, zu beherrschen, sondern das gesamte Entladungsspektrum der in Bild 1.1 dargestellten Blitzstromeinwirkgrößen.

Die verschiedenen Formen bzw. Ausbreitungsrichtungen von Blitzentladungen sind in **Bild 1.2** dargestellt, die Pfeilrichtung gibt die Richtung der Entladung verschiedener Arten von Blitzereignissen an.

Im Normungsbereich wird der am häufigsten vorkommende *negative Wolke-Erde-Blitz* als Maßstab für technische Spezifikationen und als Planungsvorgabe für die Auslegung eines Blitzschutzkonzeptes herangezogen.

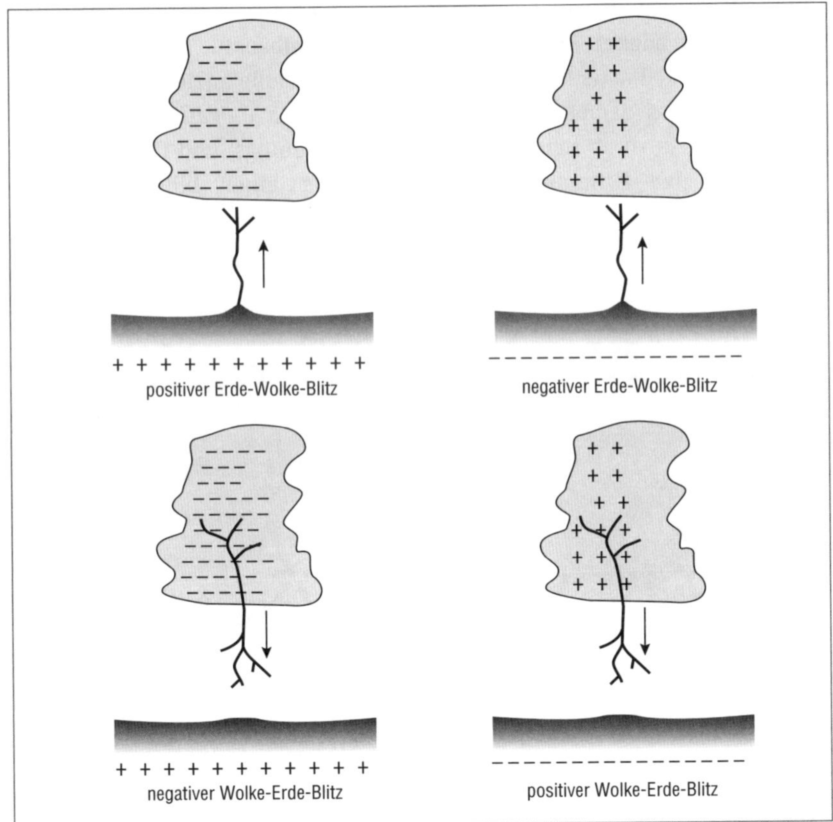

Bild 1.2 *Verschiedene Arten von Blitzereignissen*

Dass dieser *negative Wolke-Erde-Blitz* bezüglich seiner Häufigkeit und seiner sehr hohen Amplituden als Planungsmaßstab herangezogen wird, ist durchaus gerechtfertigt sowie seit Jahrzehnten in der Praxis erprobt und somit zu Recht als normativ und technisch relevante Blitzausprägung spezifiziert.

1.2 Blitzentstehung

In den **Bildern 1.3** und **1.4** wird die Entstehung eines *negativen Wolke-Erde-Blitzes* aufgezeigt. Durch sich bewegende Luftschichten kommt es zu einer Ladungstrennung. Im oberen Teil der Wolke sammeln sich die positiven Ladungsträger, im unteren Teil (Erdbodennähe) entsteht somit ein Überschuss an negativen Ladungsträgern, die ein elektrisches Feld gegenüber dem positiv geladenen Erdoberflächenpotential aufbauen.

Dieses in der Praxis in den Sommermonaten häufig anzutreffende Naturereignis und das daraus resultierende Blitzereignis (*negativer Wolke-Erde-Blitz*) stellt, wie vorab schon ausgeführt, den Planungs- und Projektierungsansatz bei der Errichtung bzw. Konzeption einer Blitzschutzanlage, bestehend aus äußeren und inneren Blitzschutzeinrichtungen, dar.

Bild 1.3 *Entstehung eines negativen Wolke-Erde-Blitzes (1)*

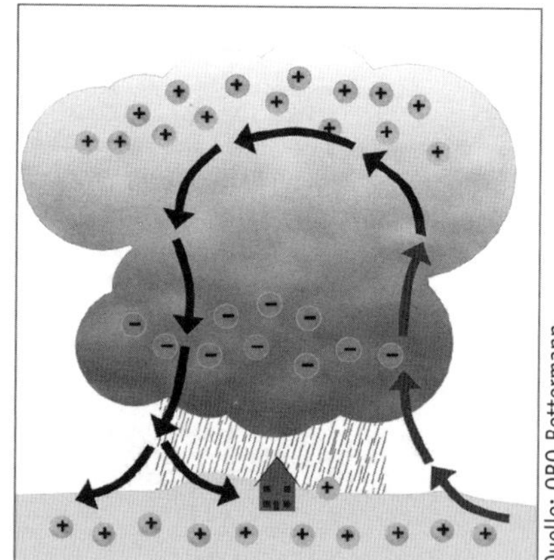

Bild 1.4 *Entstehung eines negativen Wolke-Erde-Blitzes (2)*

1.3 Auslegungsparameter

In den nachfolgenden Tabellen sind zusammenfassend die relevanten Parameter zur Projektierung einer Blitzschutzanlage den reinen Blitzstromparametern gegenübergestellt bzw. miteinander in Beziehung gesetzt.

In der Tabelle 1.2 sind die Maximalwerte des Scheitelwerts des Blitzstromes den Blitzschutzklassen (LPL) zugeordnet. Hier wird praktisch die maximale Strombeherrschbarkeit in Bezug auf den ersten Stoßstrom (siehe Bild 1.1) des Blitzereignisses dargestellt. Die maximalen Stromwerte sind für die Erwärmung der Blitzstromleiter, die dynamischen Kraftwirkungen auf die Leiter und zur Berechnung des Trennungsabstandes von entscheidender Bedeutung und stellen in diesem Bezug praktisch den „schlimmsten anzunehmenden Fall" dar, der durch die normativen Vorgaben der Normenreihe DIN EN 62305 (VDE 0185-305) abgedeckt ist.

Noch höhere Werte des ersten Stoßstromes (größer 200 kA) sind zwar in verschiedenen Fällen in der Praxis schon gemessen worden, sind aber aus Überlegungen bezüglich ihrer Häufigkeit nicht normativ in der Normenreihe DIN EN 62305 (VDE 0185-305) spezifiziert worden.

Die **Tabelle 1.3** definiert die Zuordnung der kleinsten Stromparameter, bei denen die jeweiligen Fangeinrichtungen noch gerade ihrer Blitzfangeigenschaften nach den zugrunde liegenden physikalischen Gesetzmäßigkeiten nachkommen können. Das heißt, dass unterhalb des minimalen Scheitelwerts des Blitzstromes kein sicheres Einfangen des Blitzes mehr möglich ist.

Blitzschutzklasse (LPL)	maximaler Scheitelwert des Blitzstroms in kA
1 (I)	200
2 (II)	150
3 (III)	100
4 (IV)	100

Tabelle 1.2 *Planungsparameter (Blitzschutzklasse, maximaler Scheitelwert des Blitzstroms)*

Blitzschutzklasse (LPL)	minimaler Scheitelwert des Blitzstroms in kA
1 (I)	3
2 (II)	5
3 (III)	10
4 (IV)	16

Tabelle 1.3 *Planungsparameter (Blitzschutzklasse, minimaler Scheitelwert des Blitzstroms)*

Praxisbeispiel: Eine Blitzschutzanlage der Blitzschutzklasse 3 (III) kann, wenn ihre Fangeinrichtungen auf die maximalen zulässigen Größenordnungen der Blitzschutzklasse ausgelegt sind, Blitze mit einem minimalem Scheitelwert von kleiner 10 kA nicht mehr sicher einfangen, sodass bei diesem Sachverhalt ein Einschlag in das Gebäude oder in Einrichtungen, die auf oder an dem Gebäude angeordnet sind, möglich wäre.

Somit werden die minimalen Scheitelwerte des Blitzstromes zur Ermittlung der möglichen Einschlagpunkte an oder auf einem Gebäude herangezogen. Dies erfolgt über den physikalischen Zusammenhang zwischen dem Blitzkugelradius bzw. der Enddurchschlagsstrecke und dem jeweiligen Scheitelwert des Blitzstromes.

Die **Tabelle 1.4** stellt die aus den minimalen Scheitelwerten des Blitzstromes (Tabelle 1.3) resultierenden Blitzkugelradien im Bezug zur jeweiligen Blitzschutzklasse dar. Wie vorab schon aufgeführt, stellt der Blitzkugelradius die Enddurchschlagsstrecke des jeweiligen Scheitelwerts des Blitzstromes dar.

Der mathematische Zusammenhang zwischen Blitzkugelradius bzw. der Enddurchschlagsstrecke und dem Scheitelwert des Blitzstromes ist über die **Gleichung 1.1** beschrieben:

$$r = 10 \cdot I_{\text{Scheitel}}^{0,65} \qquad \text{Gleichung 1.1}$$

r Blitzkugelradius bzw. Enddurchschlagsstrecke in m

I_{Scheitel} Scheitelwert des Blitzstromes in kA

Mit den Werten des Blitzkugelradius bzw. der Enddurchschlagsstrecke ist es anhand des kleinsten Wertes der Blitzschutzklasse 1 (I) auch möglich, die Gefahr eines direkten Blitzeinschlages in ein beliebiges Objekt bezüglich seiner Wahrscheinlichkeit zu beurteilen. Wird das besagte Objekt beim virtuellen Rollen der Blitzkugel über das jeweilige Umfeld des Objektes nicht berührt, ist die Einschlagswahrscheinlichkeit statistisch gesehen unter 1 % und somit vernachlässigbar.

Blitzschutzklasse (LPL)	Blitzkugelradius in m
1 (I)	20
2 (II)	30
3 (III)	45
4 (IV)	60

Tabelle 1.4 *Planungsparameter (Blitzschutzklasse, Blitzkugelradius)*
Hinweis Die Werte sind auf ganze Zahlenwerte gerundet.

Der virtuelle Durchhang der oben beschriebenen Blitzkugel zwischen zwei Objekten wird mit der einfachen **Geometriegleichung 1.2** bestimmt:

$$p = r - \sqrt{r^2 - \left(\frac{d}{2}\right)^2}$$ Gleichung 1.2

p Blitzkugeldurchhang in m
r Blitzkugelradius in m
d Abstand zwischen den Auflagepunkten der Blitzkugel in m

In **Bild 1.5** sind die Grundzusammenhänge des Blitzkugeldurchhangs dargestellt.

Die **Tabelle 1.5** führt die maximal zulässigen Maschenweiten der Fangeinrichtungen auf, die nach dem „Maschenverfahren" auf der Dachfläche ausgelegt werden.

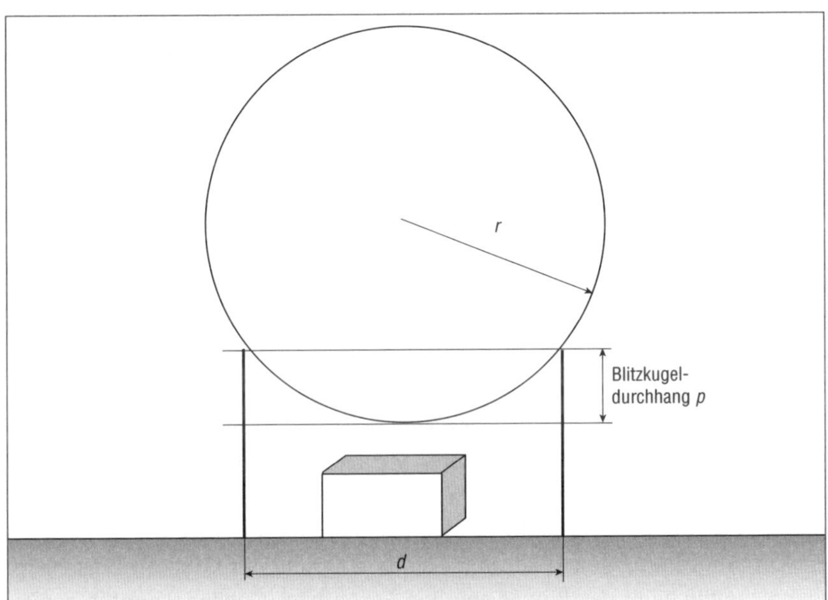

Bild 1.5 *Symbolische Darstellung Blitzkugeldurchhang*

Blitzschutzklasse (LPL)	Maschenweite in m
1 (I)	5 x 5
2 (II)	10 x 10
3 (III)	15 x 15
4 (IV)	20 x 20

Tabelle 1.5 *Planungsparameter (Blitzschutzklasse, maschenweite Fangeinrichtungen nach dem Maschenverfahren)*

Diese Fangmaschen sollen die Dachflächen des Daches vor direkten Einschlägen schützen. Dies gewährleistet aber physikalisch bei den üblichen Höhen der klassischen Fangmaschenanordnung (Höhe über Dachfläche kleiner 0,1 m) und einer Überprüfung nach dem Blitzkugelverfahren sowie einer Berechnung des „Durchhangs" der Blitzkugel in der Mitte der Fangmasche keinen kompletten Schutz der Dachfläche.

In der Regel stellt dies allerdings kein wirklich bedeutendes Problem dar, da in der heutigen Blitzschutzpraxis meist so viele Fangstangen bzw. Fangeinrichtungen auf der ebenen Dachfläche zum Schutz von weiteren Objekten angeordnet werden müssen, dass der Blitzeinschlag in die Dachoberfläche dadurch meist sicher verhindert wird.

Die **Tabelle 1.6** beschreibt den aus dem Blitzkugelverfahren abgeleiteten maximalen Schutzwinkel von bis zu zwei Meter hohen Fangstangen (in der Praxis stellt dies einen häufigen Anwendungsfall dar), die zur Bezugsebene Dachoberfläche errichtet wurden. Dieser Schutzwinkel steht natürlich wieder in physikalischen Zusammenhang zu dem Blitzkugelradius bzw. der Enddurchschlagsstrecke und dem minimalen Scheitelwert des Blitzstromes (siehe Tabellen 1.3 und 1.4).

Weitere Schutzwinkel für Fangstangen bis zum jeweils maximal möglichen Wert, dem Blitzkugelradius, sind aus Bild 1 der DIN EN 62305-3 (VDE 0185-305-3) Abschnitt 5.2.2 (Ausgabe 2011-10) zu entnehmen.

In der **Tabelle 1.7** werden die in der praktischen Anwendung üblichen und auch normativ definierten Abstände der sichtbaren oder nicht sichtbaren Ableitungen aufgeführt.

Diese Abstände der Ableitungen sollten nicht um mehr als ± 20 % über- oder unterschritten werden, da sonst vor allem bei Überschreitungen eine erhebliche Vergrößerung des notwendigen Trennungsabstandes zu metallischen Teilen oder zu Teilen der elektrischen Anlagen sehr wahrscheinlich ist. Die Anordnung der Ableitungen sollte aufgrund der höheren Einschlagswahrscheinlichkeit des Blitzes von den Ecken bzw. Gebäudekanten aus erfolgen.

Im Fortsatz der Ableitungen sind nun noch einige wichtige Daten bezüglich der Erdungsanlage einer Blitzschutzanlage von Notwendigkeit (**Tabelle 1.8**).

Blitzschutzklasse (LPL)	Schutzwinkel Fangstangen bis 2 m Höhe in °
1 (I)	70
2 (II)	72
3 (III)	76
4 (IV)	79

Tabelle 1.6 *Planungsparameter Blitzschutzklasse, Schutzwinkel Fangstangen bis 2 m Höhe über Bezugsebene)*

Blitzschutzklasse (LPL)	typischer Abstand der Ableitungen in m
1 (I)	10
2 (II)	10
3 (III)	15
4 (IV)	20

Tabelle 1.7 *Planungsparameter (Blitzschutzklasse, typischer Abstand der Ableitungen)*

Werkstoff	Form	Staberder Durchmesser in mm	Erdungsleiter Querschnitt in mm²
Kupfer	Rundmaterial massiv	15	50
feuerverzinkter Stahl		14	78
rostfreier Stahl		15	78

Quelle: DIN EN 62305-3 (VDE 0185-305-3)

Tabelle 1.8 *Planungsparameter (Blitzschutzklasse, Erdungswerkstoffe)*

1.4 Allgemeines zu Erdungsanlagen

Der Erder in einer Niederspanungsanlage hat mehrere wichtige Aufgaben. Seine Hauptaufgabe ist es, dafür zu sorgen, dass im Fehlerfall (Körperschluss) die Potentialunterschiede in der elektrischen Anlage auf ein akzeptables Niveau reduziert werden. Des Weiteren muss er für eine eventuell vorhandene Blitzschutzanlage oder eine Antennen-Erdung die Ableitung des Blitzstromes in die Erde übernehmen. Um diesen Aufgaben gerecht zu werden, sind Form und Abmessungen des Erders als wichtigstes Kriterium anzusehen. Die Erdungsanlage muss mit dem Potentialausgleich der elektrischen Anlage verbunden werden, um ihre volle Wirkung zu erzielen. Ein Erdausbreitungswiderstand von $< 10\,\Omega$ wird als vorteilhaft angesehen, ist aber nicht verpflichtend.

Die Erdungsanlagen werden in *zwei Grundtypen* unterschieden (**Bild 1.6**).

Bei der Planung der Erdungsanlagen ist in Neubauten ein *Fundamenterder* nach DIN 18014 vorgeschrieben. Bei bestehenden baulichen Anlagen

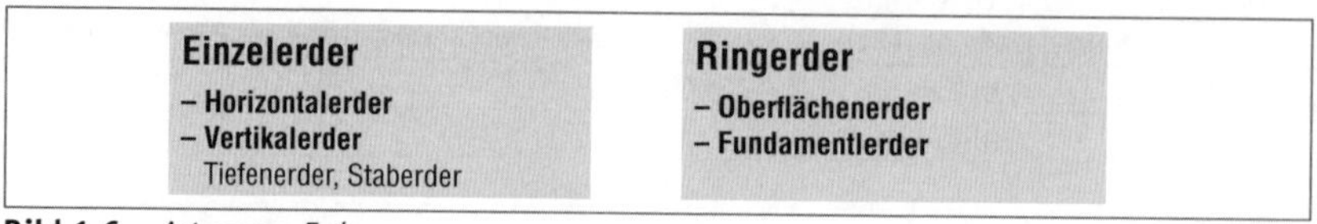

Einzelerder	**Ringerder**
– Horizontalerder	**– Oberflächenerder**
– Vertikalerder	**– Fundamentlerder**
Tiefenerder, Staberder	

Quelle: OBO Bettermann

Bild 1.6 *Arten von Erdern*

oder wenn der Fundamenterder nicht mehr als Anlagenerder verwendbar bzw. nicht ausreichend ist, können alternativ auch die anderen Erderformen angewendet werden. In der Praxis hat sich der Tiefenerder als praktikabelste Alternative zum Fundamenterder herauskristallisiert.

1.4.1 Einzelerder

Der Einzelerder kann als Horizontalerder oder als Vertikalerder ausgeführt sein. Beide eignen sich besonders für die Nachrüstung oder als Ergänzung des Fundamenterders, z. B. bei Blitzschutzanlagen oder Antennenerdungen. Die Erder werden dabei meist senkrecht in den gewachsenen Boden eingetrieben.

Wird der Einzelerder verwendet, so muss zur Abschätzung des zu erwartenden Erdausbreitungswiderstandes eine Berechnung der notwendigen Erderlänge erfolgen.

Nach **Gleichung 1.3** kann der zu erwartende Erdausbreitungswiderstand R_a eines Tiefenerders, bei bekanntem spezifischem Erdungswiderstand des umgebenden Erdreiches, abgeschätzt werden.

Tiefenerderberechnung

$$R_a = \frac{\rho_E}{2 \cdot l \cdot 3{,}14} \cdot \ln \frac{4 \cdot l}{d} \qquad \text{Gleichung 1.3}$$

ρ_E spezifischer Erdungswiderstand in Ωm (siehe **Tabelle 1.9**)
d Durchmesser des Tiefenerders in m
l Erderlänge in m

Berechnungsbeispiel

Gegeben: spezifischer Erdungswiderstand Lehmboden 200 Ωm (Wert siehe Tabelle 1.9), Erderlänge 3 m, Durchmesser Erder 0,02 m (Tiefenerder 20 mm)

$$R_a = \frac{200\ \Omega\text{m}}{2 \cdot 3\ \text{m} \cdot 3{,}14} \cdot \ln \frac{4 \cdot 3\ \text{m}}{0{,}02\ \text{m}} = 67{,}9\ \Omega$$

Der Erdausbreitungswiderstand des oben beschriebenen Tiefenerders wird ca. 67,9 Ω betragen.

Bild 1.7 zeigt eine schematische Darstellung eines Tiefenerders.

Bodenart	Feuchtigkeit	spezifischer Erdungswiderstand (mittel) in Ωm
Seewasser		0,2 … 1,0
Fluss- oder Teichwasser		10 … 100
Moor, feuchter Torf, Mergel	sehr feucht	5,0 … 40
Lehm, Ton, Humus, Ackerboden	feucht	20 … 200
sandiger Lehm	feucht	150
steiniger Boden mit Lehm	feucht	200
feiner Sand, tiefe Schichten	feucht	60
grober Sand, tiefe Schichten	feucht	200
Sand, Kies, obere Schichten	feucht	400
	trocken	1.000
verwittertes Gestein	feucht	bis 1.000
Kalkstein	14 % feucht	130
	trocken	10^2
Basalt		10^4
Granit, Gneis, Marmor		10^4 … 10^5
Betonfundamente	bodenfeucht	etwa gleich dem umgebenden Erdreich
Beton oberirdisch	trocken	10^5
Braumkohle in der Lagerstätte	sehr feucht	2,0
	trocken	20
Steinkohlenkoks gemahlen	18 % feucht	3,0 … 8,0
Steinkohlenasche	0 % bis 15 % feucht	1,0 … 4,0

Tabelle 1.9 *Praxiswerte des spezifischen Erdungswiderstandes (verschiedene Bodenarten)*

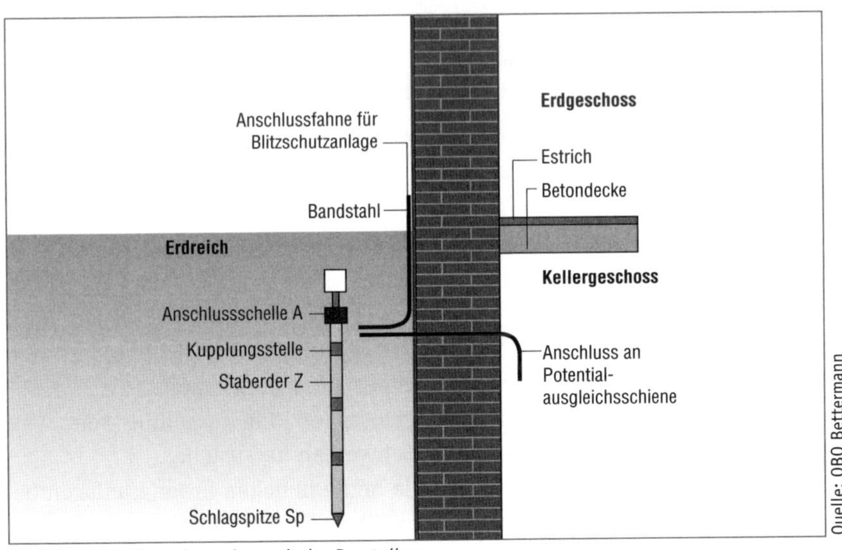

Bild 1.7 *Tiefenerder, schematische Darstellung*

1.4.2 Ringerder

Der Ringerder kann als Oberflächenerder oder als Fundamenterder ausgeführt sein. Der Ringerder eignet sich besonders aufgrund seiner großen Oberfläche und guten Stromverteilung ins Erdreich als Erder für Niederspannungsanlagen. Ein Ringerder eignet sich aber aufgrund der aufgeführten Vorteile auch als Erder für Blitzschutzanlagen oder als Erdungsanlage für Antennenanlagen. Der Ringerder wird in der Praxis meist als Fundamenterder ausgeführt, das heißt der Erder wird vor der Erstellung des Betonfundamentes als Ringerder in die Fundamentplatte eingebracht.

Damit sind ein dauerhaft niedriger Erdungswiderstand und ein wirksamer Schutz gegen Korrosion der Erdungsanlage gegeben.

Ringerderberechnung

$$R_a = \frac{2 \cdot \rho_E}{d \cdot 3{,}14}$$ Gleichung 1.4

$$d = \frac{\sqrt{4 \cdot l \cdot b}}{3{,}14}$$

ρ spezifischer Erdungswiderstand in Ωm (siehe Tabelle 1.9)
l Länge des Fundamentes in m
b Breite des Fundamentes in m
d Durchmesser eines Ersatzerders in Ringform in m

Berechnungsbeispiel

Gegeben: spezifischer Erdungswiderstand Lehmboden 200 Ωm (Wert siehe Tabelle 1.9), Breite des Fundaments 15 m, Länge des Fundaments 10 m

$$d = \frac{\sqrt{4 \cdot 10\ \text{m} \cdot 15\ \text{m}}}{3{,}14} = 13{,}82\ \text{m}$$

$$R_a = \frac{2 \cdot 200\ \Omega\text{m}}{13{,}82\ \text{m} \cdot 3{,}14} = 9{,}2\ \Omega$$

Der Erdausbreitungswiderstand des oben beschriebenen Fundamenterders wird ca. 9,2 Ω betragen.

Bild 1.8 zeigt die schematische Darstellung eines Oberflächenerders und **Bild 1.9** die schematische Darstellung eines Fundamenterders.

Der Fundamenterder muss als geschlossener Ring ausgeführt sein. Verbindungen sind durch Klemmen oder Schweißen herzustellen.

In den **Bildern 1.10** bis **1.12** sind die heute üblichen Erdungsanlagen bei elektrisch isolierten Fundamenten aufgeführt. Diese gliedern sich wie folgt auf:

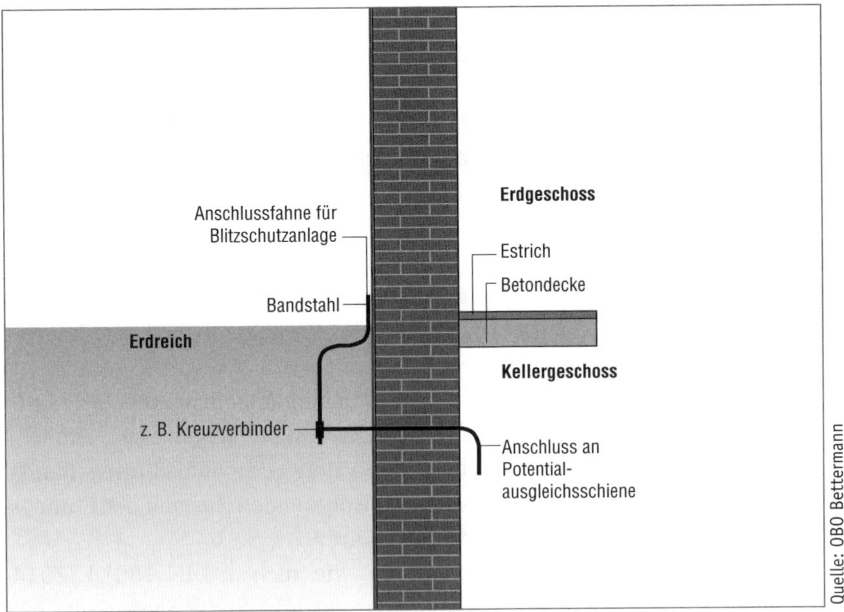

Bild 1.8 *Oberflächenerder, schematische Darstellung*

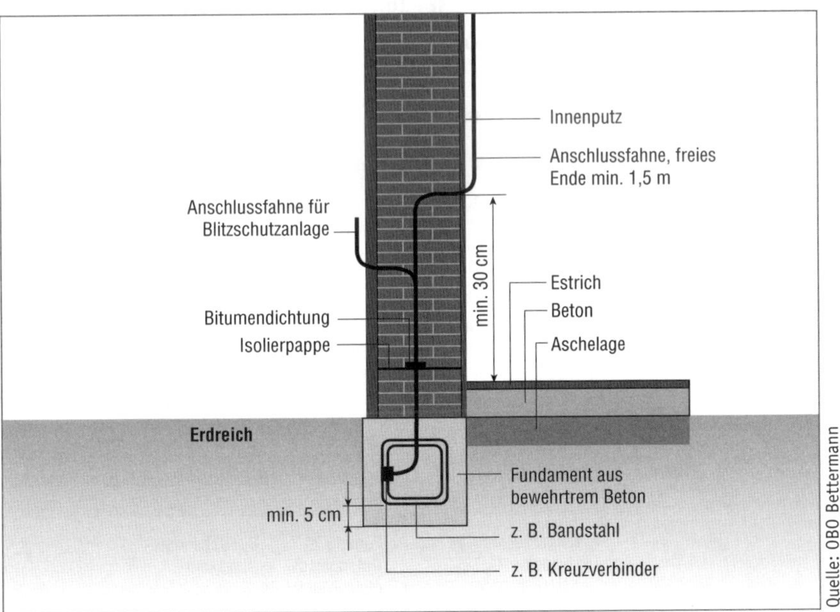

Bild 1.9 *Fundamenterder, schematische Darstellung*

- **Perimeterdämmung des Fundamentes** (siehe Bild 1.10)
  Wasserundurchlässige Wärmedämmung, die den elektrisch isolierenden Zustand der Erdungsanlagenteile im eigentlichen Fundament hervorruft.
- **Weiße Wanne** (siehe Bild 1.11)
  Wasserundurchlässige bzw. kapillarbrechende Betonmischung, die den elektrisch isolierenden Zustand der Erdungsanlagenteile im eigentlichen Fundament hervorruft.
- **Schwarze Wanne** (siehe Bild 1.12)
  Wasserundurchlässige Feuchtigkeitssperre, die den elektrisch isolierenden Zustand der Erdungsanlagenteile im eigentlichen Fundament hervorruft.

Zusätzlich werden auch durch andere Fundamentaufbauarten, wie z. B. Stahlfaserbeton oder kapillarbrechende Sauberkeitsschichten usw., ähnliche Problemstellungen verursacht, die wie bei den oben aufgeführten Fundamentaufbauverfahren zu einem elektrisch isolierenden Zustand der Erdungsanlagenteile im eigentlichen Fundament führen.

Somit ist es hier unbedingt notwendig, wie auch in DIN 18014 (2014-03) gefordert, einen zusätzlichen Ringerder aus V4A in der Sauberkeitssicht unterhalb des Fundamentes zu verlegen und ihn mit dem Funktionserdungsleiter zu verbinden, der sich an jeder Blitzschutzableitung bzw. bei Anlagen ohne äußeren Blitzschutz alle 20 m findet.

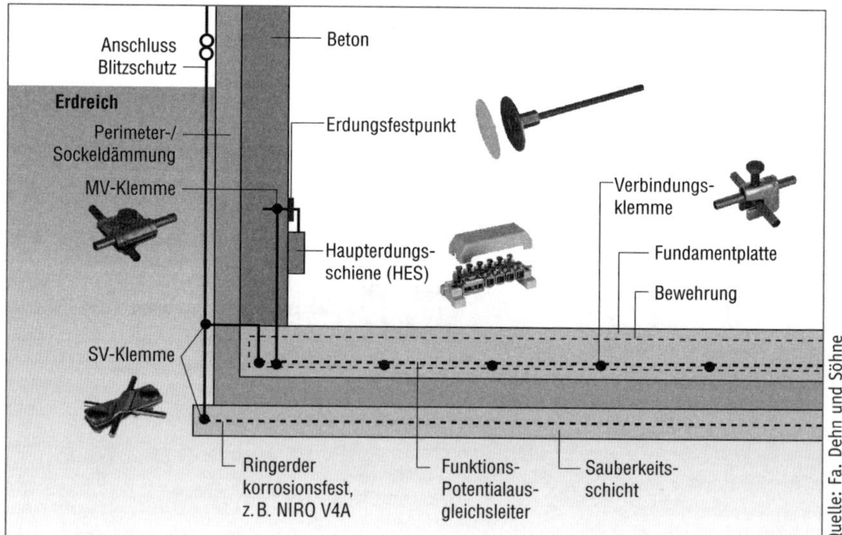

Bild 1.10 *Erdungsanlage in schematischer Darstellung bei Perimeterdämmung*

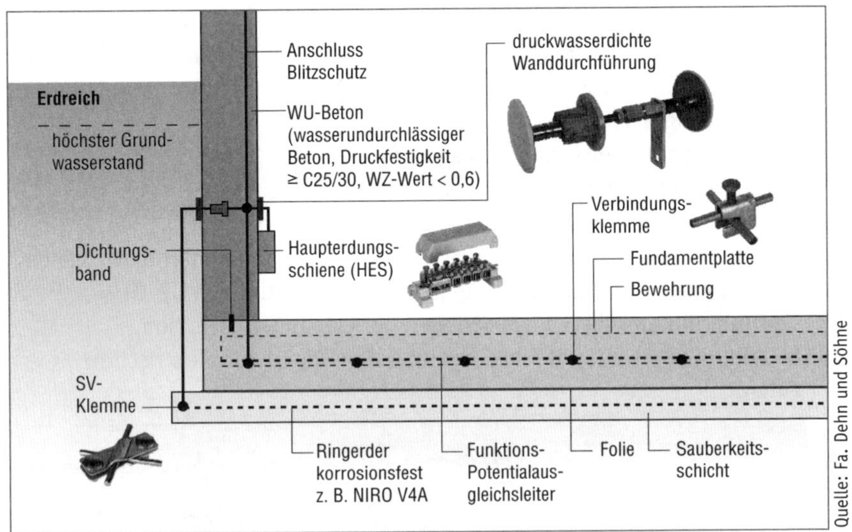

Bild 1.11 *Erdungsanlage in schematischer Darstellung bei „Weißer Wanne"*

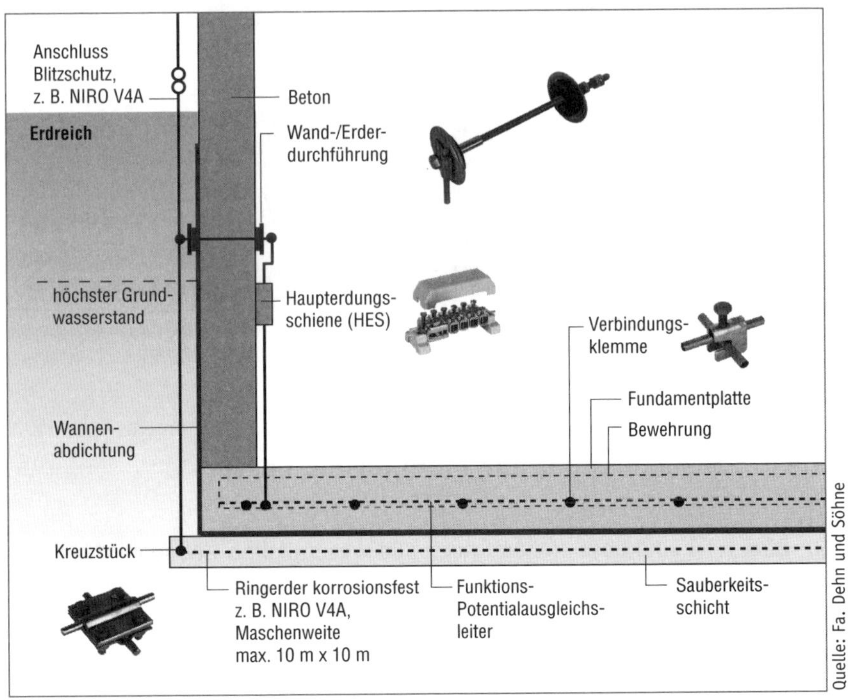

Bild 1.12 *Erdungsanlage in schematischer Darstellung bei „Schwarzer Wanne"*

Im **Bild 1.13** ist der gesamte Aufbau einer Erdungsanlage eines Wohnhauses bei einem elektrisch isolierenden Fundamentaufbau aufgeführt. Der Funktionserdungsleiter im Fundament ist alle 2 m blitzstromtragfähig mit den Armierungseisen zu verbinden.

Die Aufgaben einer Erdungsanlage sind:

- Ableiten und Verteilen des Blitzstromes im Erdreich,
- Potentialausgleich zwischen den einzelnen Ableitungen,
- Einbindung der Gebäudearmierung in den Blitzschutzpotentialausgleich,
- Erfüllung der Erdungsanforderungen der Normenreihe VDE 0100,
- Optimierung der EMV-Eigenschaften der Gebäudeinstallation,
- Schaffung eines einheitlichen Bezugspotentials in der elektrischen Anlage.

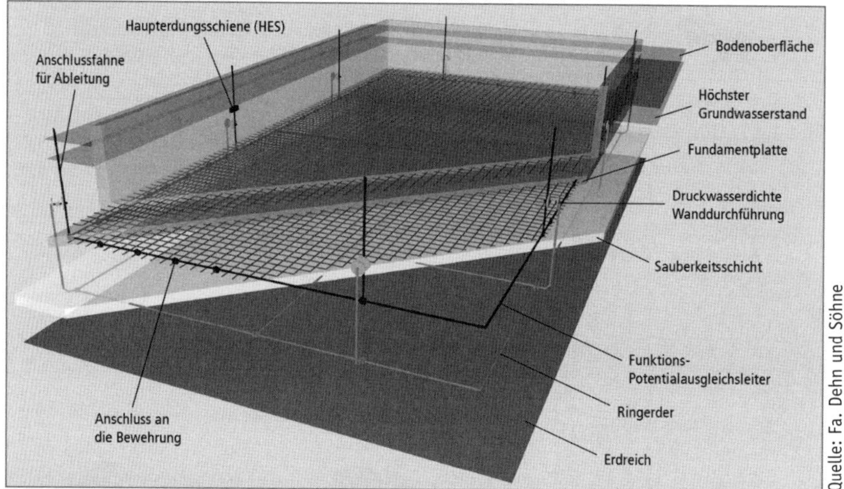

Bild 1.13 *Erdungsanlage eines Wohnhauses bei einem elektrisch isolierenden Fundamentaufbau*

1.5 Zusammenfassung Planungsparameter

Im **Bild 1.14** sind abschließend noch alle wesentlichen Elemente des äußeren Blitzschutzes beispielhaft an einem kleineren Wohngebäude dargestellt.

Die Einzelbestandteile einer äußeren Blitzschutzanlage sind:

- Fangeinrichtungen,
- Ableitungen,
- Erdungsanlagen.

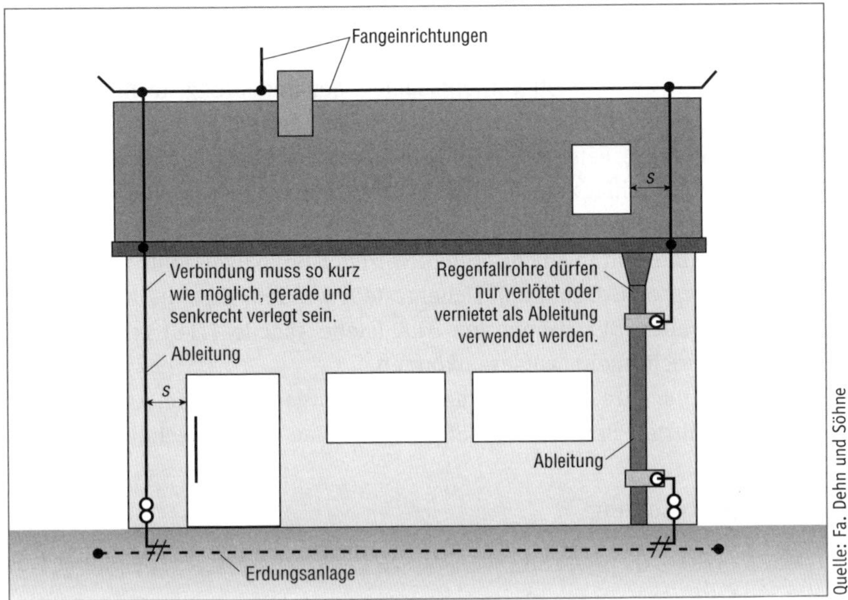

Bild 1.14 *Symbolischer Aufbau einer Blitzschutzanlage*

Übersicht Planungsparameter

Abschließend wird in der **Tabelle 1.10** eine Definition des verbleibenden Restrisikos auf Grundlage der normativen Vorgaben der Normenreihen DIN EN 62305 (VDE 0185-305) aufgezeigt.

Blitzschutz-klasse (LPL)	größter Scheitelwert in kA	Restrisiko, dass der größte Scheitelwert überschritten wird in %	kleinster Scheitelwert in kA	Restrisiko, dass der kleinste Scheitelwert unterschritten wird in %	Restrisiko gesamt in %
1 (I)	200	1	3	1	2
2 (II)	150	2	5	3	5
3 (III)	100	3	10	9	12
4 (IV)	100	3	16	19	22

Tabelle 1.10 *Planungsparameter (Gesamtrisiko eines Blitzeinschlages in eine geschützte bauliche Anlage)*

1.6 Bestimmung des Einschlags im geschützten Bereich

Für den Praktiker ist es oft von entscheidender Bedeutung, technische Einrichtungen, die sich nahe an einem Gebäude befinden, wie z. B. Außenleuchten, Sirenen, Feuerwehrschlüssel-Depots usw., bezüglich des Risikos des direkten Einschlags eines Blitzes zu beurteilen.

Um die Anordnung der vorhandenen oder zukünftig zu installierenden technischen Einrichtungen zu prüfen, wird der Blitzkugelradius in der Regel mit 20 m angesetzt. Damit soll sichergestellt werden, dass die als geringste zu betrachtenden Blitzströme von 3 kA (siehe Tabelle 1.10) gerade so die Einrichtung nicht mehr tangieren können.

Nachfolgend wird der mathematische bzw. geometrische Ansatz dieser oben aufgeführten Betrachtung aufgezeigt und an einem Rechenbeispiel erläutert.

Abstandsberechnung

$$A_G = (\sqrt{40 \cdot H_G - H_G^2}) - (\sqrt{40 \cdot H_I - H_I^2}) \qquad \text{Gleichung 1.5}$$

A_G Maximalabstand zum Gebäude in m, bei dem noch ein Schutz gegeben ist
H_G Gebäudehöhe in m
H_I Höhe der zu betrachtenden Einrichtung in m

Berechnungsbeispiel

Gegeben: Gebäudehöhe: 8 m; Höhe der Ladestation, die vor direkten Einschlägen geschützt werden soll: 1,2 m

$$A_G = [\sqrt{40 \cdot 8\ \text{m}} - (8\ \text{m})^2] - [\sqrt{40 \cdot 1{,}2}\ \text{m} - (1{,}2\ \text{m})^2]$$

$$A_G = 9{,}18\ \text{m}$$

Die Ladestation ist bis zu einer horizontalen Entfernung von 9,18 m vom Gebäude vor direkten Blitzeinschlägen eines 3-kA-Blitzstromes (Blitzkugelradius 20 m) geschützt.

Der Abstand zwischen Gebäude mit Blitzschutzanlage und der Ladesäule beträgt im **Bild 1.15** nur ca. 7 m. Da der maximal zulässige Abstand aber bei ca. 9,18 m liegt (siehe Gleichung 1.5 und das Berechnungsbeispiel), ist der Schutz vor direkten Blitzeinschlägen eines 3-kA-Blitzstromes (Blitzkugelradius 20 m) in die oben aufgeführte Ladesäule gegeben.

Hinweis

Mit diesem Ansatz, der auch in VDS 2833 ausführlich beschrieben wird, können, wie vorab schon aufgeführt, sämtliche technischen Einrichtungen am Gebäude oder in der unmittelbaren Nähe zum Gebäude bezüglich Ihrer Einschlagsgefährdung beurteilt werden.

Bild 1.15 *Gebäude mit Ladesäule, Abstandsbetrachtung*

Folgende Einrichtungen können von der oben beschriebenen Problematik mit teilweise schweren Folgen für die Energie- und Gebäudetechnik betroffen sein:

- Feuerwehrschlüssel-Depot und Blitzlichter,
- Außenleuchten,
- Kamerasysteme,
- Komponenten von Gefahrenmeldeanlagen, z. B. EMA,
- Ladesäulen von E-MOB-Fahrzeugen (siehe vorheriges Berechnungsbeispiel),
- Wind und Außenfühler,
- ...

1.7 Berechnung des Trennungsabstandes

Für die korrekte Planung und Projektierung einer elektrischen Anlage bzw. auch einer Blitzschutzanlage ist die Berechnung des mindestens einzuhaltenden Trennungsabstandes ein unabdingbares Kriterium, um beim direkten Blitzeinschlag in die Blitzschutzanlage des zu betrachtenden Gebäudes schwere Schäden bzw. Ausfälle zu vermeiden.

Nachfolgend soll die Berechnung des notwendigen Trennungsabstandes an Praxisbeispielen aufgezeigt werden. Dabei wird sich auf die wesentlichen Betrachtungspunkte beschränkt.

Um grundsätzlich aufzuzeigen, was aus physikalischer Sicht hinter der Größe Trennungsabstand steckt, ist es wichtig zu verstehen, dass es sich dabei eigentlich nur um die Berechnung des mindestens erforderlichen Abstandes zwischen vom Blitzstrom durchflossenen Teilen und Betriebsmitteln der elektrischen Anlage oder der metallischen Installation des Gebäudes handelt. Der Abstand dient der Verhinderung elektrischer Überschläge (Überschreitung der maximal zulässigen Feldstärke am Betrachtungspunkt) zwischen diesen Teilen. Dieser elektrische Überschlag ist als eine Spannungsdifferenz definiert, die sich unter üblichen Bedingungen im Bereich von zwei bis dreistelligen kV (Kilovolt) bewegt. Erfolgt dieser Überschlag kommt es zu einem unkontrollierten und natürlich auch ungewollten Blitzstromübergang zwischen den betroffenen Einrichtungen und dem von Blitzstrom durchflossenen Leiter, was zu sehr großen Schäden an der elektrotechnischen Anlage oder der metallischen Installation des Gebäudes führen kann.

Bild 1.16 soll diesen Sachverhalt anschaulich darstellen.

Bild 1.16 *Zunahme der Spannungsdifferenz zwischen der Erdungsanlage des Gebäudes und der Einschlagsstelle des Blitzes auf die Abstandsbetrachtung an einem Wohngebäude*

Erläuterung zu Bild 1.16: Vereinfacht dargestellt handelt es sich beim notwendigen Trennungsabstand um den räumlichen Abstand zwischen den betroffenen Einrichtungen und dem vom Blitzstrom durchflossenen Leiter. Der Trennungsabstand wird durch den reaktiven Spannungsfall auf den Ableitungen, die vom Blitzstrom durchflossen werden, verursacht.

Folgende Berechnungsansätze (**Gleichungen 1.6** bis **1.8**) geben die grundsätzliche Vorgehendweise bei der Bestimmung des Trennungsabstandes in der Praxis wieder.

Trennungsabstandsberechnung (vereinfachtes Verfahren)

$$s = \frac{k_i \cdot k_c}{k_m} \cdot l \qquad \text{Gleichung 1.6}$$

s Trennungsabstand in m

k_i einheitsloser Faktor, abhängig von der Blitzschutzklasse bzw. vom maximalen Blitzstrom (**Tabelle 1.11**)

k_c einheitsloser Faktor, der die Aufteilung des Blitzstromes in den verschiedenen Stromwegen (z. B. Ableitungen) definiert

k_m einheitsloser Faktor, der die Durchschlagsfestigkeit an der Stelle des Trennungsabstandes beschreibt (**Tabelle 1.12**)

l Abstand zwischen dem Punkt des zu betrachtenden Trennungsabstandes und dem nächsten Punkt des Potentialausgleichs in m

$$k_c = \frac{1}{2 \cdot n} + 0{,}1 + 0{,}2 \cdot \sqrt[3]{\frac{c}{h}} \qquad \text{Gleichung 1.7}$$

k_c einheitsloser Faktor, der die Aufteilung des Blitzstromes in den verschiedenen Stromwegen (z. B. Ableitungen) definiert

n Anzahl der Ableitungen

c größter Abstand zwischen den Ableitungen des gesamten Objektes in m

h Höhe bis zu ersten Aufteilung des Blitzstromes (z. B. Attika oder Dachrinne) in m

Blitzschutzklasse (LPL)	k_i-Wert (pauschal)
1 (I)	0,08
2 (II)	0,06
3 (III)	0,04
4 (IV)	0,04

Tabelle 1.11 *Planungsparameter (Einheitslose Werte für k_i zur Berechnung des Trennungsabstandes)*

Stoff (Material) an der Stelle des Trennungsabstandes	k_m-Wert (pauschal)
festes Material (Holz, Stein, Putz usw.)	0,5
Luft	1,0

Tabelle 1.12 *Planungsparameter (Einheitslose Werte für k_m zur Berechnung des Trennungsabstandes)*

Hinweis

Gleichung 1.7 beschreibt die Berechnung des k_c (Stromaufteilungsfaktor zwischen den einzelnen Wegen des Blitzstromes) für das gesamte zu berechnende Objekt als pauschalen Wert für alle Stellen, an denen der Trennungsabstand berechnet werden soll. Dieser Ansatz stellt eine relativ starke Vereinfachung des nachfolgend aufgeführten Verfahrens dar. Allerdings ist man mit diesem auf der sicheren Seite, da der hier errechnete Trennungsabstand vom Ergebnis höher ist als der genau berechnete Trennungsabstand nach dem im Anschluss vorgestellten Verfahren.

Berechnungsbeispiel

Gegeben: Wohnhaus Blitzschutzklasse 3 (k_i = 0,04), Ableitungen (n) 4, Abstand zwischen den Ableitungen (c) 15 m, Höhe bis zur umlaufenden Dachrinne (h) 7 m, Länge der Ableitung vom zu betrachtenden Punkt bis zum Potentialausgleich (evtl. bis Keller) (l) 14 m, Durchschlagsfestigkeit an der Stelle des Trennungsabstandes abhängig vom elektrischen Isolierstoff (k_m) (0,5 feste Stoffe, 1 Luft)

$$k_c = \frac{1}{2 \cdot 4} + 0{,}1 + 0{,}2 \cdot \sqrt[3]{\frac{15}{7}}$$

$$k_c = 0{,}48$$

$$s = \frac{0{,}04 \cdot 0{,}48}{0{,}50} \cdot 14\,\text{m}$$

$$s = 0{,}54\ \text{m}$$

Hinweis

In diesem Objekt wird mit einem einheitlichen k_c-Faktor gerechnet, was unter dem vereinfachten Ansatz nach Gleichung 1.6 und 1.7 soweit akzeptiert werden kann.

Mit der nachfolgenden **Gleichung 1.8**, die bei Gebäuden angewendet werden muss, die viermal länger und breiter sind als ihre Höhe, wird ein zwar aufwendigerer, aber auch wesentlich genauerer Berechnungsansatz aufgezeigt.

Trennungsabstandsberechnung (komplexes Verfahren)

$$s = k_i \cdot \frac{k_{c1} \cdot l_1 + k_{c2} \cdot l_2 + k_{c3} \cdot l_3}{k_m} \qquad \text{Gleichung 1.8}$$

Die Faktoren k_{c1} und l_1 stellen den Stromaufteilungsfaktor und die jeweilige Länge (Einheit m) des zu betrachtenden Teilstückes zwischen dem relevanten Punkt des Trennungsabstandes und dem Potentialausgleich dar.

Folgende Regeln sind bei der Anwendung des Verfahrens zur Berechnung des Trennungsabstandes nach Gleichung 1.8 zu beachten:

- Der minimale k_c-Wert wird mit dem Reziprogwert der Ableitungsanzahl bestimmt: $k_{c_{min}} = 1/n$. Bei 8 Ableitungen hätte man also einen minimalen k_c-Wert von 0,125.
- Es muss der kürzeste Weg und nur dieser zwischen dem Berechnungspunkt des Trennungsabstandes und dem Potentialausgleich gewählt werden.
- Am Punkt des Blitzeinschlages wird der k_c-Wert durch den Teilungsfaktor der an die Fangstange angeschlossenen Ableitungen (Fortleitungen) ermittelt, somit ist z. B. bei 4 Ableitungen (Fortleitungen) von der Fangstange von einem k_c-Wert von 0,25 auszugehen.
- Bei jedem weiteren Knotenpunkt wird der vorangegangene k_c-Wert halbiert, bis der minimale k_c-Wert erreicht ist, dann erfolgt keine weitere Reduzierung des k_c-Wertes mehr.
- Das oben aufgeführte Verfahren muss für jeden zu betrachtenden Punkt separat angewendet werden, es ist keine pauschale Verwendung eines k_c-Wertes zulässig.
- Der k_i-Wert wird wie beim vereinfachten Verfahren auch mit den unter Tabelle 1.11 aufgeführten pauschalen Faktoren bestimmt.
- Der k_m-Wert wird wie beim vereinfachten Verfahren auch mit den unter Tabelle 1.12 aufgeführten pauschalen Faktoren bestimmt.

Hinweis

In der Regel werden bei beiden Berechnungsverfahren die maximalen Werte des Trennungsabstandes am Fußpunkt der Fangstangen bzw. in der Durchschlagsstrecke an den Punkten mit einem festen Stoff (k_m-Wert = 0,5) auftreten. Deshalb stellt die Berechnung des Trennungsabstandes bei einem k_m-Wert von 0,5 in fast allen Fällen den ungünstigsten Fall dar und ist somit der für die Praxis anzunehmende und anzuwendende Fall.

Berechnungsbeispiel

Gegeben: Lagerhalle Blitzschutzklasse 3, Ableitungen 24, Gebäudelänge 90 m, Gebäudebreite 90 m, Gebäudehöhe 7 m

$$k_{c_{min}} = 1/n = 1/24 = 0{,}0416$$

Für den Berechnungsansatz siehe **Bild 1.17.**

$$s = 0{,}04 \cdot \frac{0{,}25 \cdot 15\,\text{m} + 0{,}125 \cdot 15\,\text{m} + 0{,}0625 \cdot 15\,\text{m}}{1{,}0}$$

$$s = 0{,}55\,\text{m}$$

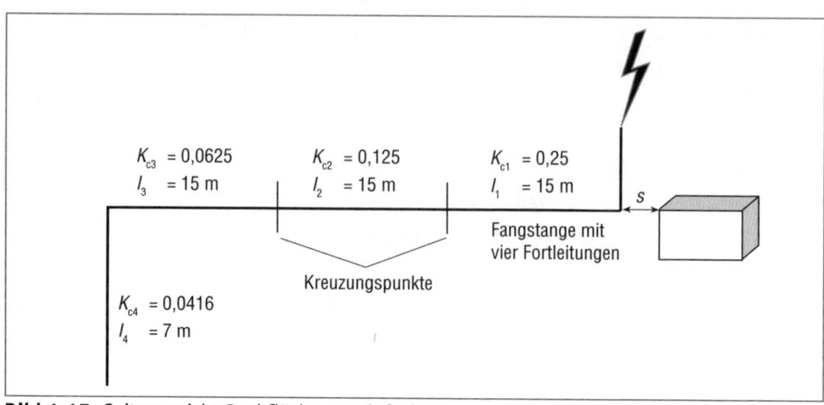

Bild 1.17 *Seitenansicht Dachfläche, vereinfacht*

Zusätzlich zur Berechnung des Trennungsabstandes, der ja aus logischen Gründen nur beim direkten Blitzeinschlag (S1) von Relevanz ist, sind für den Schutz von baulichen Anlagen und Personen bzw. der technischen Gebäudeausrüstung noch die weiteren Fälle (S1 bis S4) eines Blitzereignisses von elementarer Bedeutung.

Die weiteren Betrachtungsfälle (S1 bis S4) sind, wie auch in **Tabelle 1.13** gezeigt:

- Blitzeinschlag in die bauliche Anlage (S1),
- Blitzeinschlag neben die bauliche Anlage (S2),
- Blitzeinschlag in die Versorgungsleitung (S3),
- Blitzeinschlag neben die Versorgungsleitung (S4).

Einschlagstelle	Beispiel	Schadensursache	Schadensart
bauliche Anlage S1		D1 D2 D3	L1, L4[b] L1, L2, L3, L4 L1[a], L2, L4
neben baulicher Anlage S2		D3	L1[a], L2, L4

Quelle: Fa. Dehn und Söhne

Tabelle 1.13 *Symbolische Darstellung der Betrachtungsfälle* (Teil 1/2)

Einschlagstelle	Beispiel	Schadensursache	Schadensart
eingeführte Versorgungsleitung S3		D1 D2 D3	L1, L4[b] L1, L2, L3, L4 L1[a], L2, L4
neben eingeführter Versorgungsleitung S4		D3	L1[a], L2, L4

Quelle: Fa. Dehn und Söhne

Tabelle 1.13 *Symbolische Darstellung der Betrachtungsfälle* (Teil 2/2)

2 Vorgaben und Neuerungen der DIN VDE 0100-443

Mit der Neuauflage der DIN VDE 0100-443 (2016-10) wurde aufgrund der langjährigen Weiterentwicklung auf europäischer Normierungsebene ein sehr praxisorientiertes und leicht anwendbares Normendokument zur Planung, Auslegung und Umsetzung eines Überspannungsschutzkonzeptes erstellt.

In diesem Kapitel soll dem Praktiker in den verschiedenen Bereichen der Elektrotechnik ein tiefer Einblick in die Notwendigkeiten und Umsetzungsgrundsätze der Norm gewährt werden.

Es wurde versucht, die in der täglichen Praxis oft unbeliebten normativen Vorgaben und Umsetzungsempfehlungen für den Anwender praxisgerecht darzustellen, aber auch erweiterte Aspekte, die bei komplexeren Anlagenplanungen notwendig sind, zu berücksichtigen. Aus diesem Grund wurde eine sehr stark an den Aufbau der DIN VDE 0100-443 (2016-10) orientierte Form der Inhaltsdarstellung gewählt. Dadurch soll es dem Leser ermöglicht werden, die Hintergründe und Schutzziele, die direkt mit der jeweiligen normativen Anforderung oder Empfehlung verbunden sind, zu erkennen und zukünftig auch danach zu handeln. Des Weiteren wurden in der DIN VDE 0100-443 (2016-10) auch viele technische Entwicklungen, die seit der Vorgängerausgabe entstanden sind, berücksichtigt und wann immer möglich auch mit den passenden normativen Anforderungen oder Empfehlungen verknüpft. Zusätzlich versuchten die Normensetzern auch, die vielen Hinweise und Argumentationen, die während des langwierigen Normenentwurf-Status der DIN VDE 0100-443 von Seiten der Planer, Errichter und Sachverständigen im Bereich der Elektrotechnik eingebracht wurden, zu berücksichtigen und wenn immer möglich auch auf europäischer Ebene in den Normungsprozess einzuspeisen.

Im Folgenden werden nun die normativen Anforderungen der DIN VDE 0100-443 (2016-10) dargestellt und mit den zur praktischen Umsetzbarkeit notwendigen Kommentaren und den detaillierten Hintergrundinformationen versehen. Hierzu werden die normativen Bezüge aus der DIN VDE 0100-443 (2016-10) in kursiver Schreibweise dargestellt und nachfolgend in enger Anlehnung des inhaltlichen Aufbaus der Norm wiedergegeben.

Titel der Norm

„Errichten von Niederspannungsanlagen – Teil 4-44: Schutzmaßnahmen – Schutz bei Störspannungen und elektromagnetischen Störgrößen – Abschnitt 443: Schutz bei transienten Überspannungen infolge atmosphärischer Einflüsse oder von Schaltvorgängen (IEC 60364-4-44:2007/A1:2015, modifiziert); Deutsche Übernahme HD 60364-4-443:2016“

Durch den Normentitel wird der Anwendungsbereich der DIN VDE 0100-443 (2016-10) schon klar und deutlich abgegrenzt bzw. umrissen. Er bezieht sich auf die Beherrschung der Auswirkungen (Isolationskoordination) durch

- ferne Blitzeinschläge (keine direkten Einschläge in die bauliche Anlage),
- Sachalthandlungen sowie
- Einschläge in die Versorgungsleitung (Freileitungen).

Allerdings bezieht er sich nur auf den Bereich der elektrischen Niederspannungsanlagen und somit ausdrücklich *nicht* auf informationstechnische Anlagen. Dieser Sachverhalt ist mit der strikten Trennung der normativen Regelungsbereiche und den im informationstechnischen Bereich kaum vorhandenen Anforderungen zum Schutz gegen transienten Störgrößen zu begründen.

Allerdings ist ein physikalisch wirksamer Schutz von Anlagen oder Betriebsmitteln nur bei Betrachtung aller möglichen Kopplungsvarianten und Kopplungswege möglich.

Selbstverständlich fallen auch sämtliche baulichen Anlagen mit einem Blitzschutzsystem nach der Normenreihe DIN EN 62305 (VDE 0185-305) vormals unter den Regelungsbereich der Blitzschutznormenreihe. Allerdings wurde bei der Erstellung der DIN VDE 0100-443 (2016-10) darauf geachtet, dass eine enge Verknüpfung der beiden Normenwelten DIN EN 62305 (VDE 0185-305) und DIN EN 60364 erfolgt, mit denen im Grunde das gleiche normative „Schutzziel“ verfolgt wird, nämlich der Schutz von baulichen Anlagen, Personen und Nutztieren. Unter diesem Aspekt sind auch die zahlreichen Querverweise der DIN VDE 0100-443 (2016-10) auf die Normenreihe DIN EN 62305 (VDE 0185-305) zu verstehen. Zusätzlich ist es im Normungsbereich ein eiserner Grundsatz, dass bereits niedergeschriebene Sachverhalte nicht mehr in anderen Normen wiederholt werden, sondern dass in solchen Fällen aus Gründen der besseren Lesbarkeit mit normativen Verweisen gearbeitet wird.

Anwendungsbeginn

„Anwendungsbeginn für diese Norm ist 2016-10-01. Für DIN VDE 0100-443 (VDE 0100-443):2007-06 besteht eine Übergangsfrist bis 2018-12-14."

Für den Beginn der Anwendung ist der Tag der Veröffentlichung der Norm, der 01.10.2016, relevant, verbindlich angewendet werden muss die Ausgabe 2016-10-01 der DIN VDE 0100-443 (VDE 0100-443) aber erst ab dem 14.12.2018. Vorsicht ist aber bei Projekten geboten, bei denen die rechtlich relevante Bauabnahme am 14.12.2018 oder später stattfindet, hier wäre formal ein Nachrüstzwang gegeben, da sonst die elektrische Anlage nicht den allgemein anerkannten Regeln der Technik im Bereich der Elektrotechnik entsprechen würde. Dis wiederum könnte zu einem Nachbesserungsanspruch des Auftraggebers führen, weshalb dieser Sachverhalt nach dem Erscheinen der neuen Normenausgabe (hier 01.10.2016) mit dem Auftraggeber, Fachplaner bzw. Kunden abgestimmt werden sollte, um frühzeitig auf die notwendigen technischen Anpassungen reagieren zu können. Die normative Übergangsfrist ist gedacht, um die Ausschreibung, Planung sowie Ausführungsprozesse an den neuen Stand der Technik anpassen zu können und um in Bau befindliche Anlagen nicht mit unverhältnismäßig hohen Kosten anpassen bzw. umbauen zu müssen.

Hinweis

Von den zuständigen Normungsverantwortlichen wird ausdrücklich die sofortige bzw. zeitnahe Anwendung der Ausgabe 2016-10-01 der DIN VDE 0100-443 empfohlen.

„Der Originaltext des HD ist in dieser Norm übernommen und wie üblich (d. h. mit weißem Hintergrund) wiedergegeben. Nationale Zusätze, die nicht in der Originalfassung des HD enthalten sind, sind grau schattiert. Zweck dieser Unterscheidung ist es, dem Normenanwender die nationalen Zusätze deutlich aufzuzeigen und eine klare Unterscheidung zwischen HD und nationalen Anmerkungen und Zusätzen zu ermöglichen.

Nationale Zusätze zum normativen Teil des HD sind normativ, ausgenommen."

„Anmerkungen. Nationale Zusätze im informativen Teil des HD sind informativ."

„In diesem Dokument sind die gemeinsamen CENELEC-Abänderungen zu der Internationalen Norm durch eine senkrechte Linie am linken Seitenrand gekennzeichnet."

Kommentar

Dieser Hinweis, der in der heutigen Normung praktisch standardmäßig vorkommt, macht eine Unterscheidung der Anforderungen des internationalen HD-Dokumentes und der nationalen Zusatzanforderungen oder nationalen Abweichungen möglich.

Im normativen Abschnitt der „Änderungen“ werden zur besseren Übersicht die Änderungen gegenüber der letzten Ausgabe der jeweiligen Norm angegeben. Auch in der DIN VDE 0100-443 (2016-10) wurde dies zur schnelleren Orientierung der erfahrenen Normenanwender so vollzogen.

Nachfolgend werden die Inhalte des normativen Abschnitts der Änderungen kurz kommentiert. Da diese Sachverhalte im weiteren Verlauf des Buches noch ausführlich behandelt werden, wurde diese verkürzte Form gewählt.

„Gegenüber DIN VDE 0100-443 (VDE 0100-443):2007-06 wurden folgende wesentliche Änderungen vorgenommen:

a) Aufbau und Gliederung wurden komplett überarbeitet;

b) Normenbezüge und Terminologie wurden angepasst;“

Kommentar zu Punkt a) und b)

Die Norm wurde an die aktuellen technischen Belange und die geänderten Vorgaben zum Aufbau und der Gestaltung von Normen angepasst.

„c) Zur Vereinheitlichung werden Überspannung-Schutzeinrichtungen (ÜSE) zukünftig mit dem aus dem Englischen von „Surge Protective Device“ abgeleiteten Akronym „SPD“ bezeichnet. Die vollständige Bezeichnung lautet Überspannung-Schutzeinrichtung (SPD).“

Kommentar zu Punkt c)

Hiermit wird die rein nationale Begrifflichkeit „Überspannung-Schutzeinrichtung“ durch das aus dem englischen Sprachgebrauch kommende Akronym „SPD“ ersetzt und der normativ einheitlich korrekte Sprachgebrauch definiert.

„d) Neue Vorgaben zur Beherrschung von Überspannungen durch SPDs werden angegeben.“

Kommentar zu Punkt d)

Hiermit wird dem fortschrittlichen Entwicklungstand im Bereich der Überspannung-Schutzeinrichtungen (SPDs) und auf der anderen Seite den stark gestiegenen Anforderungen der Ausfallsicherheit von elektrischen Anlagen

Rechnung getragen. Es wurden auf technologischer Seite und auf Seite der Normung neue Methoden zur Beherrschung von Schutz bei transienten Überspannungen infolge atmosphärischer Einflüsse oder von Schaltvorgängen entwickelt, die in dem weiteren Verlauf dieses Buches noch ausführlich dargestellt werden.

„e) Im Anwendungsbereich werden nun auch direkte Blitzeinschläge in die Versorgungsleitungen berücksichtigt. Der Schutz bei direkten Blitzeinschlägen in die Versorgungsleitung bedingt den Einbau von Überspannung-Schutzeinrichtungen (SPDs) Typ 1."

Kommentar zu Punkt e)

Im Punkt e) wurde eine der weitreichendsten Änderungen im Selbstverständnis der normativen Anforderungen der DIN VDE 0100-443 bzw. auch der DIN VDE 0100-534 herbeigeführt, ihr Gültigkeitsbereich wurde nämlich durch die Ausweitung auf direkte Einschläge in die Versorgungsleitung (in der Regel eine Freileitung) stark erweitert und um Aspekte ergänzt, die bisher der Normenreihe DIN EN 62305 (VDE 0185-305) vorbehalten waren.

„f) Bauliche Anlagen mit Explosionsrisiko, wie petrochemische Anlagen und Chemieanlagen, fallen nicht in den Anwendungsbereich der DIN VDE 0100-443 (VDE 0100-443)."

Kommentar zu Punkt f)

Diese Einschränkung im Gültigkeitsbereich der DIN VDE 0100-443 (2016-10) rührt daher, dass in sehr risikobehafteten Anlagen praktisch immer eine vollständige Blitzschutzanlage nach der Normenreihe DIN EN 62305 (VDE 0185-305) mit speziellen Ergänzungen für den Explosionsschutz notwendig wird. Dieses erforderliche Schutzlevel kann von der DIN VDE 0100-443 (2016-10) nicht gewährleistet werden.

„g) Aufnahme eines neuen Abschnitts ‚Begriffe'."

Kommentar zu Punkt g)

In diesem Abschnitt werden die zur Nutzung und Anwendung notwendigen Begriffe aus dem Bereich des Blitzschutzes in ihrer Bedeutung und Herleitung kurz erläutert.

„h) Das Prinzip der systemeigenen Beherrschung von Überspannungen bei Anlagen, die von einem vollständig in Erde verlegten Niederspannungsnetz versorgt werden, wurde ersatzlos gestrichen."

Kommentar zu Punkt h)

Auch hier wurde eine einschneidende Änderung im Vergleich zur Vorgängerversion der DIN VDE 0100-443 vollzogen, indem unterirdisch versorgten elektrischen Anlagen eine ausreichende Spannungsfestigkeit (eigenständig wirksame Isolationskoordination) nicht mehr automatisch zugestanden wird. Das hat zur Folge, dass auch solche Anlagen nicht mehr von großen Teilen der normativen Anforderungen der DIN VDE 0100-443 ausgenommen werden.

„i) Die Entscheidungskriterien, wann Überspannung-Schutzeinrichtungen (SPDs) in einer Anlage installiert werden müssen, wurden überarbeitet und erweitert.“

Kommentar zu Punkt i)

Unter dem Abschnitt wurde der grundsätzliche Regelungsbereich der DIN VDE 0100-443 neu angepasst und die Anforderungen, wann Schutzmaßnahmen gegen transienten Überspannungen infolge atmosphärischer Einflüsse oder von Schaltvorgängen notwendig sind, stark erweitert.

„j) Eine neue vereinfachte Risikoanalyse nach DIN EN 62305-2 (VDE 0185-305-2) ist aufgenommen worden.
Als Entscheidungskriterium für die Installation von Überspannung-Schutzeinrichtungen (SPDs) wurde der errechnete Risikolevel (CRL) neu eingeführt. Dieses Verfahren wird in Deutschland nicht angewendet.“

Kommentar zu Punkt j)

In diesem Abschnitt wird erläutert, dass das nicht unumstrittene Verfahren der Risikolevel(CRL)-Berechnung in Deutschland nicht angewendet werden darf. Der Grund dafür ist, dass dabei starke Vereinfachungen vorgenommen werden und es somit trotz eines für den Praktiker erhöhten Aufwandes bei der Planung elektrischer Anlagen in vielen Fällen keine nachvollziehbaren Ergebnisse liefert.

„k) Übersicht für die geforderten Bemessungs-Stoßspannungen von Betriebsmitteln für die Überspannungskategorien I bis IV wurde um DC-Systeme bis 1.500 V erweitert.“

Kommentar zu Punkt k)

Aufgrund der immer häufiger vorkommenden Gleichstromanwendungen wurde die DIN VDE 0100-443 (2016-10) um die Anforderungen für Niederspannungsanlagen im Gleichspannungsbereich (DC-Bereich) erweitert, da auch in solchen elektrischen Anlagen die Sicherstellung der Isolationskoordination im Falle von transienten Überspannungen infolge atmosphärischer Einflüsse oder von Schaltvorgängen notwendig ist.

„l) Anhang zur Bestimmung der konventionellen Länge d ist entfallen."

Kommentar zu Punkt l)
Der Wegfall der Bestimmung der konventionellen Länge *d* ergab sich als logische Folge von Punkt j) (siehe Kommentar zu Punkt j).

Abschnitt 443.1
Allgemeines und Anwendungsbereich

Im Abschnitt 443.1 wird der grundsätzliche Regelungs- und Anforderungsbereich der DIN VDE 0100-443 (2016-10) definiert und auch einige fachliche Feststellungen getroffen, die im Nachgang vom Autor noch kommentiert werden.

„Im Allgemeinen weisen transiente Überspannungen infolge von Schaltvorgängen niedrigere Amplituden auf als transiente Überspannungen infolge atmosphärischer Einflüsse. Deshalb decken die Anforderungen für den Schutz bei transienten Überspannungen infolge atmosphärischer Einflüsse normalerweise den Schutz bei transienten Überspannungen infolge von Schaltvorgängen mit ab."

Kommentar
Dieser Sachverhalt ist in Bezug auf die Amplitudenausprägung soweit richtig wiedergegeben, allerdings ist dies bezogen auf die Zeitdauer und den Energiegehalt nicht in jedem Fall richtig. Neuere Untersuchungen haben gezeigt, dass durch Schaltüberspannungen teilweise höhere Einwirkzeitdauern und/oder höhere Energiegehalte bei transienten Größen erzeugt werden können, siehe hierzu auch die wichtige Anmerkung 2 aus Abschnitt 443.1, die diesen Aspekt normativ berücksichtigt. Dass somit beide Fälle bei der Auswahl der Überspannungsschutzgeräte SPDs zu berücksichtigen sind, versteht sich von selbst. Hier erfolgt ein normativer Verweis auf den Abschnitt 434.4, als konkrete Festlegung ist dieser Aspekt dann bei der Auswahl und Errichtung von Überspannungsschutzgeräten in DIN VDE 0100-534 (2016-10) berücksichtigt worden.

„Die Charakteristik transienter Überspannungen infolge atmosphärischer Einflüsse hängt unter anderem von folgenden Faktoren ab:

- *der Art des Stromversorgungsnetzes (Erdkabel oder Freileitungen),*
- *dem möglichen Vorhandensein von zumindest einer Überspannungs-Schutzeinrichtung (SPD) vor dem Speisepunkt der elektrischen Anlage,*
- *der Nennspannung des Versorgungsnetzes."*

Kommentar zum oberen Absatz und den weiteren Punkte

In diesem Teilabschnitt werden die Einflussfaktoren auf die potenziell auftretenden Überspannungsereignisse aufgeführt, die sich aber leider nicht komplett im Einflussbereich des Planers, Errichters oder dem Eigentümer der elektrischen Anlage befinden, sondern teilweise kaum ermittelbar sind.

Somit muss bei der Planung und Ausführung von elektrischen Anlagen mit Anforderungen nach DIN VDE 0100-443 von verschiedenen Szenarien ausgegangen werden, die durchaus als ungünstigster Ansatz gelten können.

Zusätzlich wird auch nachfolgend noch einmal klargestellt, dass zum Schutz vor transienten Überspannungen Überspannung-Schutzeinrichtungen (SPDs) errichtet werden müssen. Die systemeigene Beherrschung von Überspannungen ist somit in ihrer praktischen Anwendung formal ausgeschlossen.

Die Auswahl und die Errichtung von Überspannung-Schutzeinrichtungen (SPDs) werden in DIN VDE 0100-534 beschrieben und ausdrücklich nicht in der DIN VDE 0100-443.

„Ist die Errichtung von Überspannung-Schutzeinrichtungen (SPDs) in der Niederspannungsanlage erforderlich, dann wird die Errichtung von zusätzlichen Überspannung-Schutzeinrichtungen (SPDs) auch für andere Systeme, wie zum Beispiel Telekommunikationsleitungen, empfohlen.“

„Die DIN VDE 0100-443 (VDE 0100-443) enthält keine Anforderungen zum Schutz bei Überspannungen, die über informationstechnische Systeme übertragen werden. Siehe DIN CLC/TS 61643-22 (VDE V 0845-3-2).“

Kommentar zum oberen Absatz und den weiteren Punkten

Hier wird nochmals klargestellt, dass ein wirksamer Schutz der informationstechnischen Anlagen nur bei fachgerechter Anordnung von Überspannung-Schutzeinrichtungen (SPDs) für sämtliche Kopplungsarten und Kopplungswege gewährleistet werden kann. Es wird weiterführend auf die im Vornormstatus befindliche VDE V 0845-3-2 (Überspannungsschutzgeräte für den Einsatz in Telekommunikations- und signalverarbeitenden Netzwerken – Auswahl- und Anwendungsprinzipien) verwiesen, die den Schutz von informationstechnischen Anlagen gegen transiente Überspannungen technisch beschreibt, aber keine so weitreichenden Anforderungen definiert, wie dies in DIN VDE 0100-443 (2016-10) erfolgt.

Zusätzlich wird zum Abschluss dieses Abschnittes 443.1 nochmals der Ausschluss von Anlagen mit folgenden Risikofaktoren definiert:

- bauliche Anlagen mit Explosionsrisiko,
- bauliche Anlagen, bei denen im Schadensfall Auswirkungen auf die Umwelt auftreten können (zum Beispiel chemische oder radioaktive Emissionen).

Dies ist wie vorab schon ausgeführt mit den extrem hohen Schutzanforderungen, die für solche Risikobereich aufgrund weiterer normativer oder gesetzlichen Regelungen notwendig sind, zu begründen. Die in DIN VDE 0100-443 definierten Schutz-Klassifizierungen würden hier bei weitem nicht ausreichen.

Abschnitt 443.2
Normative Verweisungen

Die in diesem Abschnitt aufgeführten Dokumente, die in der DIN VDE 0100-443 (2016-10) teilweise oder als Ganzes zitiert werden, sind für die Anwendung oder das Grundverständnis der zusammenhängenden Wirkungskreise der 0100-443 (2016-10) erforderlich. Bei datierten Verweisungen bitte nur die benannte Ausgabe anwenden, bei undatierten Verweisungen muss die letzte Ausgabe der jeweiligen Norm oder Publikation angewendet werden.

Abschnitt 443.3
Begriffe

Die folgenden Begriffserklärungen werden um Praxisbeispiele des Autors ergänzt.

„Städtisches Gebiet
Fläche mit hoher Bevölkerungsdichte und hoher Bebauungsdichte mit hohen Gebäuden“

Praxisbeispiele: Innenstadtgebiete, Großstädte

„Vorstädtisches Gebiet
Fläche mit mittlerer Bebauungsdichte“

Praxisbeispiele: Wohngebiete mittlerer Bebauungsdichte, Umland von Ballungszentren

„Ländliches Gebiet
Fläche mit geringer Bebauungsdichte“

Praxisbeispiele: Dörfer oder kleine Gemeinden

„Überspannung-Schutzeinrichtung (SPD)
Schutzeinrichtung, die mindestens eine nichtlineare Komponente enthält und dazu bestimmt ist, Überspannungen zu begrenzen und Impulsströme abzuleiten.“

*„**Berechneter Risikolevel (CRL, engl.: calculated risk level)***
Begriff, der einen in einer elektrischen Anlage gegebenen Gefährdungslevel bezüglich Schädigungen durch transiente Überspannungen beschreibt.“

*„**Bemessungs-Stoßspannung U_w***
Spannungswert und zeitlicher Verlauf einer Steh-Stoßspannung, der vom Hersteller für ein Betriebsmittel oder für einen Teil davon angegeben wird und der das festgelegte Stehvermögen seiner zugehörigen Isolierung gegenüber transienten Überspannungen angibt, um die Isolationskoordination sicherzustellen.“

Hinweis
Die erweiterte Erläuterung des Begriffes „Bemessungs-Stoßspannung U_w“ dient der präziseren Darstellung des Sachverhalts.

Nun zum Hauptregelungsbereich der DIN VDE 0100-443 (2016-10): nämlich der Festlegung, wann in elektrischen Anlagen Schutzmaßnahme gegen transienten Überspannungen notwendig sind. Diese Festlegung wird hauptsächlich im Hauptabschnitt 443.4 getroffen und mit praktischen Anwendungsbeispielen erläutert. Nachfolgend werden die einzelnen Punkte der genauen Anforderungen aufgeführt und vom Autor kommentiert, um die verpflichtenden Vorgaben und die normativen Empfehlungen (Soll- Anforderungen) herauszuarbeiten.

Abschnitt 443.4
Vorkehrungen zur Beherrschung von Überspannungen

„ANMERKUNG 1: Durch die Errichtung von Überspannung-Schutzeinrichtungen (SPDs) soll eine Spannungsbegrenzung entsprechend der Isolationskoordination sichergestellt werden, um gefährliche Funkenbildung und daraus resultierende Brände zu vermeiden.“
Am Anfang des Abschnittes wird über die Anmerkung 1 zuerst die globale „Schutzzielanforderung“ als deutsche Restnorm-Anforderung (grau hinterlegt) dargestellt. Hier wird im Grunde der grundlegende Ansatz der DIN VDE 0100-443 (2016-10) herausgestellt: das Verhindern von Schäden an elektrischen Anlagen durch nicht ausreichende Isolationskoordination (Maßnahmen zur Sicherstellung der Aufrechterhaltung der Isolationseigenschaften von elektrischen Isolierstoffen) unter dem Kontext der Einwirkung von transienten Überspannungen.

Der nachfolgende Satz definiert eine klar normative Pflichtvorgabe, bei den aufgeführten elektrischen Anlagen oder Anlagenteilen Schutzmaßnahmen gegen transienten Überspannungen zu ergreifen.

„Der Schutz bei transienten Überspannungen muss vorgesehen werden, wenn die Folgen der Überspannungen Auswirkungen haben auf:“

Punkt 1:

„Menschenleben, z.B. Anlagen für Sicherheitszwecke, medizinische genutzte Bereiche;“

Hier wird die klare Vorgabe definiert, dass geeignete Schutzmaßnahmen vorzusehen sind, sobald Anlagen mit direkter Relevanz für Menschenleben von negativen Auswirkungen durch transiente Überspannungen betroffen sein können (was fast immer der Fall ist).

Beispiele für solche Anlagen sind:

- Brandmelde- und Brandbekämpfungsanlagen,
- Einbruchmeldeanlagen,
- Rufanlagen für Behinderte und alte oder kranke Menschen,
- medizinische Anlagen.

Wichtig ist, dass bei Ausfall oder einer erheblichen Funktionseinschränkung dieser Anlagen ein direkter Bezug zu dem Verlust oder der hohen Gefährdung von Menschenleben gegeben ist, ansonsten wäre dieser Punkt aus normativer Sicht ausdrücklich nicht einschlägig.

Hinweis

Die Schutzmaßnahmen gegen transiente Überspannungen werden dann in DIN VDE 0100-534 (2016-10) aufgeführt.

Anmerkung

Zum Schutz der oben aufgeführten Einrichtungen gegen transiente Überspannungen ist es absolut unerlässlich, dass sämtliche relevanten Schnittstellen geschützt werden. Der alleinige Schutz der Netzzuleitung der Energieversorgung (z.B. 230/400 V) ist aus technischer Sicht zur Vermeidung von Ausfällen oder einer erheblichen Funktionseinschränkung *nicht* ausreichend.

Punkt 2:

„Öffentliche Einrichtungen und Kulturbesitz, z.B. Ausfall von öffentlichen Diensten, Telekommunikationszentren“

Hier wird die Umsetzung einer weiteren grundsätzlichen gesellschaftlichen Aufgabe der elektrotechnischen Normung herbeigeführt, nämlich unwiederbringliche Kulturgüter vor negativer Beeinflussung bzw. Zerstörung zu schützen und selbstverständlich die öffentliche Grundversorgung mit Wasser, Gas, elektrischer Energie usw. sicherzustellen.

Hier muss allerdings vom Autor ein eindeutiger Hinweis gegeben werden, dass in solchen Fällen meist durch baurechtliche Auflagen, Anforderungen der Gebäudeversicherung (siehe VDS 2010) oder durch die Durchführung einer Risikoanalyse nach DIN EN 62305-2 (VDE 0185-305-2) ohnehin eine komplette Blitzschutzanlage nach der Normenreihe DIN EN 62305 (VDE 0185-305) notwendig sein wird und diese Anforderung der DIN VDE 0100-443 (2016-10) somit etwas ins Leere läuft. Für bauliche Anlagen aber, die aus irgendwelchen Gründen nicht mit einer kompletten Blitzschutzanlage nach der Normenreihe DIN EN 62305 (VDE 0185-305) versehen werden, dient diese Anforderung zur Sicherstellung eines Grundlagenschutzes gegen die Auswirkungen von transienten Überspannungen.

Beispiele für solche Anlagen sind:

- öffentliche oder private Museen,
- Baudenkmäler,
- historische Gebäude,
- Bibliotheken,
- IT-Zentralen von Unternehmen der öffentlichen Versorgung,
- Kraftwerke, Anlagen der Wasserversorgung oder Abwasserentsorgung.

Punkt 3:

„Gewerbe- oder Industrieaktivitäten, z.B. Hotels, Banken, Industriebetriebe, Gewerbemärkte, landwirtschaftliche Betriebe;“

Unter Punkt 3 wird die allgemein höhere Verfügbarkeitsanforderung in elektrischen Anlagen mit Gewerbe- oder Industrieaktivitäten gewürdigt, da dort durch den Ausfall oder die Funktionsstörung von elektrischen Anlagen oder Systemen erhebliche wirtschaftliche Verluste entstehen können. Der grundlegende Schutz der DIN VDE 0100-443 (2016-10) gegen die Auswirkungen von transienten Überspannungen aus wirtschaftlichen Gründen mündet somit durch die meist sehr lange Anlagenbetriebsdauer immer in einer positiven Kosten-Nutzenrechnung. Da die Risikoanalyse nach DIN EN 62305-2 (VDE 0185-305-2) für manche kleine und mittlere Anlage in der Praxis zu aufwendig ist, erspart die pauschale Schutzanforderung nach DIN VDE 0100-443 (2016-10) damit sonst oft verbundene unsägliche Diskussionen. Dies erleichtert die Sache vor allem auch für die Normenanwender, wie Anlagenbetreiber, -planer und -errichter.

Hinweis

Die Anforderungen der Punkte 1 bis 3 waren in ähnlicher Form und mit den praktisch gleichen Vorgaben schon in der Vorgängerausgabe DIN VDE

0100-443 (VDE 0100-443):2007-06 enthalten, sie wurden allerdings in der Praxis oft nicht umgesetzt. Dies wird sich nun hoffentlich mit der Neuauflage der DIN VDE 0100-443 (2016-10) und den nachfolgend aufgeführten erweiterten Anforderungen und normativen Festlegungen bzw. verpflichtenden Forderungen zum Positiven hin ändern.

Punkt 4:
„Ansammlungen von Personen, z.B. großen Gebäuden, Büros, Schulen;"

Auch in solchen baulichen Anlagen, wie z.B. größere Büroeinheiten, Verwaltungsgebäude, Kindergärten, ist sehr häufig, ähnlich wie unter Punkt 2, schon ein weiterrechender Schutz durch eine komplette Blitzschutzanlage (äußerer und innerer Blitzschutz) gegeben, was die Umsetzung der Maßnahmen nach DIN VDE0 100-443 (2016-10) und DIN VDE 0100-534 (2016-10) sicherstellt. Für solche bauliche Anlagen, die aber aus welchen Gründen auch immer nicht mit einer kompletten Blitzschutzanlage nach der Normenreihe DIN EN 62305 (VDE 0185-305) versehen werden, dient diese Anforderung zur Sicherstellung eines Grundlagenschutzes gegen die Auswirkungen von transienten Überspannungen.

Punkt 5:
„Einzelpersonen z.B. in Wohngebäuden und kleinen Büros, wenn in diesen Gebäuden Betriebsmittel der Überspannungskategorie I oder II errichtet sind."

Mit dieser Anforderungssituation, die als grau schattierter deutscher Restnormenanteil nur in Deutschland Gültigkeit besitzt, wurde eine massive Ausweitung der Anwendungsverpflichtung für Maßnahmen gegen transiente Überspannungen vorgenommen.

Es sind somit auch in kleineren baulichen Einheiten, wie Wohnungen, kleinere Büros, kleine Gewerbeobjekte, ausdrücklich Schutzmaßnahmen gegen transiente Überspannungen *normativ verbindlich* vorgegeben.

Da die ursprüngliche normative Formulierung nach Meinung des Autors zu viele Risikofaktoren zur Falschinterpretation beinhaltet hat, wurde vom zuständigen Gremium AK 221.2.2 der DKE die normative Anmerkung 2 eingefügt. Diese stellt klar, dass praktisch in jeder elektrischen Anlage mit der *Installation* von Betriebsmitteln der Überspannungskategorie I oder II zu rechnen ist und somit die Realisierung der Schutzmaßnahmen gegen transiente Überspannungen als verbindlicher Mindeststandard für praktisch alle Neuanlagen gilt.

Hinweis
Es besteht selbstverständlich *keine* Anpassungsforderung für bereits bestehende elektrische Anlagen.

Bei feuergefährdeten Betriebstätten (siehe auch VDS 2033) ist ein Schutz gegen transiente Überspannungen aufgrund der hohen Brandgefahr und der damit verbundenen Personengefahren und wirtschaftlichen Verluste ohnehin durch die vorangegangenen Punkte schon normativ berücksichtigt worden, er wird aber in diesem Abschnitt nochmals besonders hervorgehoben. In der normativen Anmerkung 3 wird hierzu der Verweis auf die Neuausgabe der DIN VDE 0100-420 (2016-02) getätigt.

In den weiteren Teilen dieses Abschnittes werden dann noch die folgenden Empfehlungen ausgesprochen:

- Schaltüberspannungen sind besonders zu berücksichtigen, wenn Einrichtungen vorhanden sind, die diese höchstwahrscheinlich erzeugen werden.
- In elektrischen Anlagen, die durch einen eigenen Transformator von Hochspannungs- bzw. Mittelspannungsnetzten versorgt werden, sollten schon auf der Hochspannungsebene Maßnahmen gegen die Entstehung von transienten Überspannungen ergriffen werden.

Hinweis
Solche Maßnahmen bedürfen immer einer sehr intensiven Abstimmung mit dem Anlagenbetreiber, um wirksam umgesetzt werden zu können.

Abschnitt 443.5
Risikoanalyse

Dieser Abschnitt des internationalen Normendokumentes (HD-Dokument) wurde in Deutschland ausdrücklich nicht übernommen, da die zuständigen Fachleute des AK 221.2 des DKE zur Auffassung gekommen sind, dass die Anwendung einer vereinfachten Risikoanalyse in der Praxis, auch begründet durch die Erfahrungen mit der Vorgängerausgabe der DIN VDE 0100-443 (VDE 0100-443):2007-06, nicht angenommen werde.

Dem Autor sind nur sehr wenige Einzelfälle bekannt, bei denen das in der Vorgängerausgabe enthaltene sehr abstrakt anzuwendende Berechnungsverfahren zur Analyse der Notwendigkeit von Maßnahmen zum Schutz gegen die Auswirkungen von transienten Überspannungen überhaupt angewendet wurde.

Auch aufgrund der teilweise unzulänglichen Ergebnisse, die mit dem vereinfachten Ansatz zur Risikoanalyse nach Anhang ZA der DIN VDE 0100-

443 (2016-10) erzielt wurden, hat sich das AK 221.2 des DKE im breiten Konsens dafür entschieden, den vorangegangenen Abschnitt 443.4 so zu gestalten, dass in der Praxis Klarheit über die Notwendigkeit von Maßnahmen zum Schutz gegen die Auswirkungen von transienten Überspannungen herrscht. Somit ist auch die für den Praktiker immer noch recht aufwändige vereinfachte Risikoanalyse nach Anhang ZA nicht mehr notwendig und kann entfallen.

Hinweis

Zur Information der Fachöffentlichkeit wurde der Ansatz der vereinfachten Risikoanalyse im Anhang ZA ohne normativen Anwendungszwang dargestellt.

Abschnitt 443.6 Klassifizierung der Bemessungs-Stoßspannungen (Überspannungskategorien)

In diesem Abschnitt werden die „Verträglichkeitspegel" der elektrischen Betriebsmittel (Bemessungs-Stoßspannung-Festigkeit) definiert und vom Autor auch mit den entsprechenden Hinweisen kommentiert. Ziel dieser Klassifizierung ist es, die notwenigen Maßnahmen zur Sicherstellung der ausreichenden Isolation (Maßnahmen zur Sicherstellung der Aufrechterhaltung der Isolationseigenschaften von elektrischen Isolierstoffen) zwischen der Anlagenerrichtung und der Ebene der elektrischen Betriebsmittel je nach der am Einbauort der Betriebsmittel zu erwartenden transienten Überspannungsbelastung zu koordinieren.

Die Bemessungs-Stoßspannungen für Betriebsmittel werden entsprechend der Nennspannungen oder des Versorgungsnetzes ausgewählt.

Dabei wird zwischen den Anforderungen an die Versorgungssicherheit und der notwendigen Ausfallsicherheit unterschieden.

Die in früheren Zeiten angewendete systemeigene Beherrschung von Überspannungen, basierend auf der Bemessungs-Stoßspannung-Festigkeit der Betriebsmittel nach DIN EN 60664-1 (VDE 0110-1), wird in der heutigen Praxis häufig nicht mehr ausreichend sein. Die Gründe sind:

- Transiente, über das elektrische Versorgungsnetz galvanisch eingekoppelte Überspannungen werden in Energieflussrichtung gesehen in den heutigen elektrischen Anlagen nicht im relevanten Maße abgeschwächt, gedämpft bzw. reduziert.
- In elektrischen Anlagen, die von einem Niederspannungsnetz gespeist werden, welches aus Erdkabel besteht, können auch Blitzströme oder Blitzteilströme eingekoppelt werden.

- Betriebsmittel sind häufig an unterschiedlichen Netzen, z. B. an das Strom- und informationstechnische Versorgungsnetz, angeschlossen.

Die Isolationskoordination kann für die gesamte elektrische Anlage so erreicht werden, dass die Betriebsmittel der elektrischen und informationstechnischen Anlage durch die Errichtung von Überspannung-Schutzeinrichtungen (SPDs) geschützt werden.

Anmerkung

Weitere Möglichkeiten der Isolationskoordination für die Betriebsmittel der elektrischen und informationstechnischen Anlage werden im weiteren Verlauf dieses Buches dargestellt.

Mit Maßnahmen zur Sicherstellung der ausreichenden Isolation kann das Ausfallrisiko auf einen sicherheitstechnisch akzeptablen Wert verringert werden. Einschlägige Betriebserfahrungen des Autors als Sachverständiger für Elektrotechnik und aus der damit verbundenen Aufgabe der Ursachenerforschung von Schadensfällen zeigen, dass viele Überspannungsschäden, die an Betriebsmitteln auftreten, mit geeigneten Maßnahmen verhindert werden könnten.

Im nachfolgenden Abschnitt werden nun die Grundlagen der Koordination von Bemessungs-Stoßspannungen von Betriebsmitteln und den Überspannungskategorien an den verschiedenen definierten Punkten der elektrischen Anlage erläutert.

Abschnitt 443.6.2
Koordination von Bemessungs-Stoßspannungen von Betriebsmitteln und den Überspannungskategorien

Überspannungskategorie IV

Betriebsmittel mit einer Bemessungs-Stoßspannung entsprechend der Überspannungskategorie IV sind für die Anwendung in der Nähe des Einspeisepunktes der elektrischen Anlagen bestimmt, in Stromflussrichtung zum Beispiel vor dem Hauptverteiler im Hauptstromversorgungssystem oder im Vorzählerbereich.

Betriebsmittel der Überspannungskategorie IV müssen eine Bemessungs-Stoßspannung entsprechend des in Tabelle 443.2 angegebenen Wertes von z. B. 6 kV (230/400-V-Netze) aufweisen. Verfügbarkeitsanforderungen nach DIN EN 60664-1 (VDE 0110-1) werden als „sehr hoch" eingestuft.

Beispiele für solche Betriebsmittel sind:

- Zähler für elektrische Arbeit,
- Rundsteuerempfänger,

- Überstromschutzorgane im Hauptstromversorgungssystem,
- Klemmen im Hauptstromversorgungssystem.

Überspannungskategorie III

Betriebsmittel mit einer Bemessungs-Stoßspannung entsprechend der Überspannungskategorie III sind für die Anwendung in ortsfest errichteten elektrischen Anlagen ausgelegt und zwar in Stromflussrichtung nach dem Hauptverteiler im Hauptstromversorgungsystem oder hinter dem Vorzählerbereich. Betriebsmittel der Überspannungskategorie III müssen eine Bemessungs-Stoßspannung entsprechend des in Tabelle 443.2 angegebenen Wertes von z. B. 4 kV (230/400-V-Netze) aufweisen. Die Verfügbarkeitsanforderungen nach DIN EN 60664-1 (VDE 0110-1) werden als „hoch" eingestuft.

Beispiele für solche Betriebsmittel sind:

- Elektrische Betriebsmittel wie Schalter und Steckdosen,
- Kabel und Leitungen,
- fest errichtete Motoren,
- Stromschienen,
- Verbindungsdosen und Kästen.

Überspannungskategorie II

Betriebsmittel mit einer Bemessungs-Stoßspannung entsprechend der Überspannungskategorie II sind für den Anschluss an ortsfest errichteten elektrischen Anlagen ausgelegt und zwar in Stromflussrichtung nach dem Unterverteiler oder am Ende der elektrischen Anlage.

Betriebsmittel der Überspannungskategorie II müssen eine Bemessungs-Stoßspannung entsprechend des in Tabelle 443.2 angegebenen Wertes von z. B. 2,5 kV (230/400-V-Netze) aufweisen.

Die Verfügbarkeitsanforderungen nach DIN EN 60664-1 (VDE 0110-1) werden als „normal" eingestuft.

Beispiele für solche Betriebsmittel sind:

- Haushaltsgeräte,
- informationstechnische Geräte,
- Handgeräte,
- Arbeits- und Verbrauchsgeräte.

Hinweis

Die im Handel verfügbaren Geräte bzw. Betriebsmittel sind in der Regel immer mindestens der Überspannungskategorie II zugeordnet, dies wird den

Herstellern der Geräte aufgrund der Eingruppierung nach DIN EN 60664-1 (VDE 0110-1) bereits in der Produktentwicklung so auferlegt.

Zur Verdeutlichung dieses im vorangegangenen Hinweis dargestellten Sachverhaltes wird das Datenblatt (**Tabelle 2.1**) eines handelsüblichen Computers (PC) aufgeführt, der laut Hersteller der Überspannungskategorie II zugeordnet ist, was auch den normativen Mindestanforderungen der DIN EN 60664-1 (VDE 0110-1) entspricht.

Mit dem in Tabelle 2.1 aufgeführten Beispiel ist eine eindeutige Zuordnung zu der nach DIN EN 60664-1 (VDE 0110-1) geforderten *Überspannungskategorie* gegeben. Mit der Zuordnung zur Überspannungskategorie II sind weitere Bedingungen bezüglich der Ausbildung der Luft- und Kriechstrecken verbunden, um das notwendige Level der Isolationskoordination zu erreichen. Diese Bedingungen sollen hier nicht weiter erläutert werden.

Technische Daten	
Leistungsaufnahme, wenn Gerät abgeschaltet – ATX-Netzteil	≤ 5 W (0 W nur möglich, wenn direkte Trennung vom Netz erfolgt – Netzstecker ziehen bzw. Gerät ausschlaten mittels Netzschalter an Gehäuserückseite)
Netzeingangsspannung	230 V ~ (optional Wide-Range 100 V... 240 V, 50/60 Hz)
Netzfrequenz	50 Hz (60 Hz)
Netzeingangssstrom (entsprechend Angabe Label auf Geräterück- oder -unterseite)	4 A bzw. 5 A bei 230 V/50 Hz (9 A bzw. 10 A bei 115 V/60 Hz)
Betriebsbedingungen	
Umgebungstemperatur	10 °C ... 35 °C 20 % ... 85 % relative Luftfeuchte nicht kondensierend
Transporttenperatur	– 25 °C ... 60 °C
Lautstärke	
Schallleistungspegel (DIN EN 27779, ISO 3744, ISO 9296, RAL UZ-78)	max. 55 dB (A)
Geräteklassifizierung	
Schutzklasse	I
Verschmutzungsklasse	2
Überspannungskategorie	II

Tabelle 2.1 *Auszug Datenblatt, Seite 23 Benutzerhandbuch für einen Fujitsu-Siemens PC 2004-08*

Überspannungskategorie I

Betriebsmittel mit einer Bemessungs-Stoßspannung entsprechend der Überspannungskategorie I sind für den Anschluss an ortsfest errichteten elektrischen Anlagen vorgesehen, die schon zusätzliche Schutzeinrichtungen bzw.

Schutzmaßnahmen gegen eine zu geringe Bemessungs-Stoßspannungs-Festigkeit aufweisen. Geräte der Überspannungskategorie I sind für die Verwendung in fest errichteten Anlagen nur dann geeignet, wenn Überspannung-Schutzeinrichtungen (SPDs) außerhalb der Betriebsmittel installiert sind.

Betriebsmittel der Überspannungskategorie I müssen eine Bemessungs-Stoßspannung entsprechend des in Tabelle 443.2 angegebenen Wertes von z. B. 1,5 kV (230/400-V-Netze) aufweisen.

Die Verfügbarkeitsanforderungen nach DIN EN 60664-1 (VDE 0110-1) wird als „gering" eingestuft.

Beispiele für solche Betriebsmittel sind in der normalen Geräteherstellung in der Regel nicht verfügbar.

Hinweis
Die im Abschnitt 443.6.2 der DIN VDE 0100-443 (2016-10) unter Punkt d) aufgeführten Beispiele, wie Geräte mit eingebauten elektronischen Stromkreisen, z. B. Computer, Unterhaltungselektronik, entsprechen weder den Vorgaben nach DIN EN 60664-1 (VDE 0110-1) noch der Realität der in der Praxis verfügbaren Betriebsmittel und Geräte. Dies wurde vom AK 221.2 der DKE, der fachlich für die DIN VDE 0100-443 (2016-10) verantwortlich zeichnet, durch die grau schattierte Anmerkung unter Punkt d) versucht klarzustellen.

In dem Auszug aus Tabelle 443.2 der DIN VDE 0100-443 (2016-10) (siehe **Tabelle 2.2**) sind die nach der Erfahrung des Autors meist vorkommenden „Nennspannungen" von elektrischen Anlagen aufgeführt und mit der zugehörigen Bemessungs-Stoßspannungsfestigkeit der Betriebsmittel verknüpft.

Nennspannung der Anlage in V	Spannung zwischen Außenleiter und Neutralleiter in V	geforderte Bemessungs-Stoßspannungsfestigkeit der Betriebsmittel in kV Überspannungskategorie			
		I	II	III	IV
120/208	150	0,8	1,5	2,5	4,0
230/400	300	1,5	2,5	4,0	6,0
400/690	600	2,5	4,0	6,0	8,0
1.500 DC	1.500	6,0	8,0	10,0	15,0

Tabelle 2.2 *Auszug aus Tabelle 443.2 DIN VDE 0100-443 (2016-10)*

Anmerkung

Bei mit 220 V bis 240 V betriebenen IT-Systemen muss aufgrund der Spannung gegen Erde, die an einem Leiter bei einem Erdschluss anliegt, die Zeile für 230/400 V angewendet werden.

Bei 3-phasigen IT-Systemen ist aufgrund der Spannung gegen Erde, die an einem Leiter bei einem Erdschluss anliegt, die Spannung zwischen den Außenleitern zugrunde zu legen.

Anhang B (normativ)
Beherrschung von Überspannungsbeanspruchung durch Einsatz von Überspannung-Schutzeinrichtungen in Freileitungsnetzen

Dieser Anhang ist in Deutschland im Unterschied zu den übrigen CENELEC-Mitgliedern als normativ verpflichtend bzw. verbindlich anzusehen.

Zum Schutz der elektrischen Anlage, beginnend ab der Freileitungseinspeisung, können unter der Zustimmung des Eigentümers des Freileitungsnetzes folgende beispielhafte Maßnahmen angewendet werden:

- Errichtung von zugelassenen Überspannung-Schutzeinrichtungen (SPDs) in Abständen von maximal 500 m, an Abzweigpunkten und am Ende des Freileitungsausläufers.
- An Übergängen von Freileitungsnetzen zu kabelverteilernetzen sollten zugelassene Überspannung-Schutzeinrichtungen (SPDs) errichtet werden.
- In TN-Systemen sind die Erdungsleiter der Überspannung-Schutzeinrichtungen (SPDs) mit dem PEN-Leiter oder dem Schutzleiter (PE) zu verbinden.
- In TT-Systemen sind Überspannung-Schutzeinrichtungen (SPDs) bei wirksamer Erdung des Neutralleiters am Punkt der Neutralleitererdung nicht erforderlich. Ist eine wirksame Erdung des Neutralleiters nicht gegeben, so sind Überspannung-Schutzeinrichtungen (SPDs) für den Neutralleiter notwendig.

Anhang ZA (normativ)
Besondere nationale Bedingungen

Besondere nationale Bedingung: Nationale Eigenschaft oder Praxis, die selbst nach einem längeren Zeitraum nicht geändert werden kann, zum Beispiel:

- klimatische Bedingungen,
- elektrische Erdungsbedingungen,
- nicht änderbare technische Bedingungen.

Die in Deutschland *nicht* eingeführten Abweichungen werden im Rahmen dieses Buches ausdrücklich nicht wiedergegeben, um Missverständnisse und Fehlanwendungen zu vermeiden.

Fazit

Zusammenfassend kann somit festgestellt werden, dass dem Errichter und Planer mit der Neuausgabe der DIN VDE 0100-443 (2016-10) ein praktikables Instrument mit klaren Anforderungen und Vorgaben bezüglich der Notwendigkeit der Ausführung von Schutzmaßnahmen gegen transiente Überspannungen bereitgestellt wird.

3 Vorgaben und Neuerungen der DIN VDE 0100-534

Mit der Neuauflage der DIN VDE 0100-534 (2016-10) wurde aufgrund der langjährigen Weiterentwicklung auf europäischer Normierungsebene ein sehr praxisorientiertes und leicht anwendbares Normendokument zur Planung, Auslegung und Umsetzung eines Überspannungsschutzkonzeptes sowie zur Auswahl von Überspannungsschutzkomponenten erstellt.

In diesem Kapitel soll dem Praktiker in den verschiedenen Bereichen der Elektrotechnik, nämlich der Planung, Ausschreibung und Umsetzung ein tiefer Einblick in die Notwendigkeiten und Umsetzungsgrundsätze gewährt werden.

Es wurde versucht, die in der täglichen Praxis oft unbeliebten normativen Vorgaben und Umsetzungsempfehlungen für den Anwender praxisgerecht darzustellen, gleichzeitig aber auch erweiterte Aspekte, die bei komplexeren Anlagenplanungen notwendig sind, zu berücksichtigen. Es wurde deshalb die sehr stark an den Aufbau der DIN VDE 0100-534 (2016-10) orientierte Form der Inhaltsdarstellung gewählt, um den Lesern so zu ermöglichen, die Hintergründe und Schutzziele, die direkt mit der jeweiligen normativen Anforderung oder Empfehlung verbunden sind, zu erkennen und zukünftig auch danach zu handeln. Des Weiteren wurden in der DIN VDE 0100-534 (2016-10) selbstverständlich auch viele technische Entwicklungen, die seit der Vorgängerausgabe entstanden sind, berücksichtigt und wann immer möglich auch mit den passenden normativen Anforderung oder Empfehlung verknüpft. Zusätzlich versuchten die Normensetzer der DIN VDE 0100-534 (2016-10), die vielen Hinweise und Argumentationen, die während des langwierigen Normen-Entwurf-Status der DIN VDE 0100-534 von Seiten der Planer, Errichter und Sachverständigen im Bereich der Elektrotechnik eingebracht wurden, zu berücksichtigen und wann immer möglich auch auf europäischer Ebene in den Normungsprozess einzuspeisen.

Im Folgenden werden nun die normativen Anforderungen der DIN VDE 0100-534 (2016-10) dargestellt und mit den zur praktischen Umsetzbarkeit notwendigen Kommentaren und detaillierten Hintergrundinformationen versehen. Hierzu werden die normativen Bezüge aus der DIN VDE 0100-

534 (2016-10) in kursiver Schreibweise dargestellt und nachfolgend in enger Anlehnung des inhaltlichen Aufbaus der Norm wiedergegeben.

Titel der Norm

„Errichten von Niederspannungsanlagen – Teil 5-53: Auswahl und Errichtung elektrischer Betriebsmittel – Trennen, Schalten und Steuern – Abschnitt 534: Überspannung-Schutzeinrichtungen (SPDs) (IEC 60364-5-53:2001/A2:2015, modifiziert); Deutsche Übernahme HD 60364-5-534: 2016"

Anwendungsbeginn

„Anwendungsbeginn für diese Norm ist 2016-10-01. Für DIN VDE 0100-534 (VDE 0100-534):2009-02 besteht eine Übergangsfrist bis 2018-12-14."

Für den Beginn der Anwendung ist der Tag der Veröffentlichung der Norm, der 01.10.2016, relevant, verbindlich angewendet werden muss die Ausgabe 2016-10-01 DIN VDE 0100-534 (VDE 0100-534) allerdings erst ab dem 14.12.2018. Vorsicht ist aber bei Projekten geboten, bei denen die rechtlich relevante Bauabnahme am 14.12.2018 oder später stattfindet, hier wäre formal ein Nachrüstzwang gegeben, da sonst die elektrische Anlage nicht den allgemein anerkannten Regeln der Technik im Bereich der Elektrotechnik entsprechen würde. Dies wiederum könnte zu einem Nachbesserungsanspruch des Auftraggebers führen. Aus diesem Grund sollte dieser Sachverhalt nach dem Erscheinen der neuen Normenausgabe (hier 01.10.2016) mit dem Auftraggeber, Fachplaner bzw. Kunden abgestimmt werden, um frühzeitig auf die notwendigen technischen Anpassungen reagieren zu können. Die normative Übergangsfrist ist gedacht, um die Ausschreibung, Planung und die Ausführungsprozesse an den neuen Stand der Technik anpassen zu können und um in Bau befindlichen Anlagen nicht mit unverhältnismäßig hohen Kosten anpassen bzw. umbauen zu müssen.

Hinweis

Von den zuständigen Normungsverantwortlichen wird ausdrücklich die sofortige bzw. zeitnahe Anwendung der Ausgabe 2016-10-01 der DIN VDE 0100-534 empfohlen.

„Der Originaltext des HD ist in dieser Norm übernommen und wie üblich (d. h. mit weißem Hintergrund) wiedergegeben. Nationale Zusätze, die nicht in der Originalfassung des HD enthalten sind, sind grau schattiert. Zweck dieser Unterscheidung ist es, dem Normenanwender die nationalen

Zusätze deutlich aufzuzeigen und eine klare Unterscheidung zwischen HD und nationalen Anmerkungen und Zusätzen zu ermöglichen.

Nationale Zusätze zum normativen Teil des HD sind normativ, ausgenommen."

„Anmerkungen. Nationale Zusätze im informativen Teil des HD sind informativ."

„In diesem Dokument sind die gemeinsamen CENELEC-Abänderungen zu der Internationalen Norm durch eine senkrechte Linie am linken Seitenrand gekennzeichnet."

Kommentar

Dieser Hinweis, der in der heutigen Normung praktisch standardmäßig vorkommt, macht eine Unterscheidung der Anforderungen des internationalen HD-Dokumentes und der nationalen Zusatzanforderungen oder nationalen Abweichungen möglich.

Im normativen Abschnitt der „Änderungen" werden zur besseren Übersicht die Änderungen gegenüber der letzten Ausgabe der jeweiligen Norm angegeben, wie es zur schnellen Orientierung der erfahrenen Normenanwender auch in der DIN VDE 0100-443 (2016-10) gemacht wurde.

Nachfolgend sind die Inhalte des normativen Abschnitts der Änderungen kurz kommentiert. Da diese Sachverhalte im weiteren Verlauf dieses Buches noch ausführlich behandelt werden, geschieht dies hier nur in Kürze.

„Gegenüber DIN VDE 0100-534 (VDE 0100-534):2009-02 wurden folgende wesentliche Änderungen vorgenommen:

a) Zur Vereinheitlichung werden Überspannung-Schutzeinrichtungen (SPDs) zukünftig mit dem aus dem Englischen von „Surge Protective Device" abgeleiteten Akronym „SPD" bezeichnet. Die vollständige Bezeichnung lautet Überspannung-Schutzeinrichtung (SPD)."

Kommentar zu Punkt a)

Es wurde hier eine einheitliche Regelung des momentanen Sprachgebrauchs angestrebt, indem das aus dem englischen Sprachraum stammende Akronym „SPD" als Bezeichnung für Überspannung-Schutzeinrichtungen angewendet werden soll.

„b) Aufnahme eines neuen Abschnittes ‚Begriffe'."

Kommentar zu Punkt b)

In diesem Abschnitt werden die zur Nutzung und Anwendung notwendigen Begriffe aus dem Bereich des Blitzschutzes in ihrer Bedeutung und Herleitung kurz erläutert.

„c) Kriterien zur Auswahl der Prüfklasse (Typ) von Überspannung-Schutzeinrichtungen (SPDs) wurden neu formuliert.“

Kommentar zu Punkt c)

Unter diesem Punkt werden die hinter den Prüfklassen von Überspannung-Schutzeinrichtungen stehenden Kriterien und Prüfanforderungen in der für den Normenanwender relevanten Ausführlichkeit und fachlichen Tiefe dargestellt.

„d) Neu beschrieben werden die Anforderungen zum Schutz bei Überspannungen. Es wird dabei unterschieden zwischen Schutz bei Gleichtaktstörungen und Gegentaktstörungen.“

Kommentar zu Punkt d)

Unter diesem Punkt werden dem Anwender die Anforderungen und Unterschiede beim Schutz von Gleich- und Gegentakt-Störungen und auch praktische Umsetzungsvorgaben aufgezeigt.

„e) Die Anschlussschemata 1 und 2 entsprechend der Systeme nach Art der Erdverbindung wurden neu bezeichnet.“

Kommentar zu Punkt e)

In diesem Abschnitt werden die aktualisierten und für die praktische Anwendung optimierten Anschluss- und Planungsschemata aufgeführt.

„f) Die Auswahl der Überspannung-Schutzeinrichtungen (SPDs) im Hinblick auf den ausgewiesen Schutzpegel U_p in Übereinstimmung mit der Bemessungs-Stoßspannung der zu schützenden Betriebsmittel wird neu festgelegt.“

Kommentar zu Punkt f)

In diesem Abschnitt werden die Auswahl- und Schutzprinzipien der Überspannung-Schutzeinrichtungen (SPDs) zur Sicherstellung der Grundsätze der Isolationskoordination der elektrischen Betriebsmittel unter Berücksichtigung verschiedener praktischer Anwendungsfälle aufgezeigt.

„g) Nicht mehr enthalten sind Auswahlkriterien von Überspannung-Schutzeinrichtungen (SPDs) im Hinblick auf zeitweilige (temporäre) Überspannungen (TOVs). Diese Anforderungen werden zwischenzeitlich verbindlich in der Produktnorm von Überspannung-Schutzeinrichtungen (SPDs) abgedeckt.“

Kommentar zu Punkt g)

In diesem Abschnitt wird nur verdeutlicht, dass in einer Anlagen-Errichtungsnorm wie der DIN VDE 0100-534 (2016-10) keine produktspezifi-

schen Anforderungen enthalten sein dürfen, da diese der jeweiligen Produktnormung zugeordnet sein müssen.
Die seit einiger Zeit schon in der Produktnormenreihe DIN CLC/TS 61643-12 (VDE V 0675-6-12) enthaltenen Festlegungen zur TOV (Temporary Overvoltage) – Temporäre Überspannung – wurden somit in logischer Konsequenz aus der DIN VDE 0100-534 (2016-10) gestrichen.

„h) Die Vorgaben bezüglich des Mindestableitvermögens von Überspannung-Schutzeinrichtungen (SPDs) sind überarbeitet."

Kommentar zu Punkt h)
Es wurden neue physikalische Erkenntnisse bezüglich des notwendigen Ableitvermögens der Überspannung-Schutzeinrichtungen beim Ableitvorgang definiert und normativ eingeführt.

„i) Neu formuliert sind die Anforderungen an den Schutz von Überspannung-Schutzeinrichtungen (SPDs) bei Überstrom."

Kommentar zu Punkt i)
Es wurden normative Klarstellungen gegenüber der Vorgängerausgabe der DIN VDE 0100-534 (2009-02) bezüglich des Überstroms (Kurzschluss) vollzogen, die aufgrund einiger Anfragen aus der Praxis notwendig geworden waren.

„j) Neu aufgenommen wurden Abschnitte zur Selektivität zwischen Überstrom-Schutzeinrichtungen und zur Stoßstromfestigkeit von vorgeschalteten Installationseinrichtungen."

Kommentar zu Punkt j)
Es wurden normative Klarstellungen gegenüber der Vorgängerausgabe der DIN VDE 0100-534 (2009-02) bezüglich der selektiven Anordnung von Überstromschutzeinrichtungen mit Verweis auf die DIN VDE 0100-530 eingefügt, zusätzlich wurden Anforderungen bezüglich der Stoßstromfestigkeit von vorgeschalteten Installationseinrichtungen definiert.

„k) Neue Anforderungen zum Anschluss von Überspannung-Schutzeinrichtungen (SPDs) an die Niederspannungsanlage sind enthalten."

Kommentar zu Punkt k)
In diesem Abschnitt werden die aktualisierten und für die praktische Anwendung optimierten Anschluss- und Planungsschemata und die aufgrund neuer technologischen Entwicklungen notwendigen Anpassungen in Bezug auf den Anschluss von Überspannung-Schutzeinrichtungen (SPDs) aufgeführt.

„l) Aufnahme eines neuen Abschnittes mit Vorgaben zum wirksamen Schutzbereich von Überspannung-Schutzeinrichtungen (SPDs) (= Abstand zwischen Überspannung-Schutzeinrichtung (SPD) und zu schützendem Betriebsmittel).“

Kommentar zu Punkt l)

In diesem Abschnitt werden die aktualisierten und für die praktische Anwendung neuer technologischen Entwicklungen notwendigen Anpassungen in Bezug auf den Schutzbereich von Überspannung-Schutzeinrichtungen (SPDs) aufgeführt.

„m) Neue Festlegungen zum notwendigen Querschnitt der Anschlussleitungen von Überspannung-Schutzeinrichtungen (SPDs) wurden aufgenommen.“

Kommentar zu Punkt m)

In diesem Abschnitt wurden die aktualisierten und für die praktische Anwendung optimierten Mindesquerschnitte zum Anschluss verschiedener Überspannung-Schutzeinrichtungen (SPDs) aufgenommen.

„n) Informative beispielhafte Darstellungen von Standardinstallationen von Überspannung-Schutzeinrichtungen (SPDs) entsprechend der Systeme der Art der Erdverbindung wurden überarbeitet und erweitert.“

Kommentar zu Punkt n)

In diesem Abschnitt wurden die aktualisierten und für die praktische Anwendung optimierten Anschlussbilder verschiedener Überspannung-Schutzeinrichtungen (SPDs) aufgenommen.

„o) Kennzeichnung von Überspannung-Schutzeinrichtungen (SPDs) wurde neu aufgenommen.“

Kommentar zu Punkt o)

In diesem Abschnitt werden die aktualisierten und für die praktische Anwendung optimierten Kennzeichnungen von Überspannung-Schutzeinrichtungen (SPDs) aufgenommen.

Abschnitt 534.1

Allgemeines und Anwendungsbereich

DIN VDE 0100-534 (VDE 0100-534) (2016-10) enthält vorrangig Anforderungen für die Auswahl und Errichtung bzw. Planung von Überspannung-Schutzeinrichtungen (SPDs) zum Schutz bei transienten Überspannungen infolge atmosphärischer Entladungen.

Die Errichtung von Überspannung-Schutzeinrichtungen (SPDs) wird in der Regel nach DIN VDE 0100-443 (VDE 0100-443), den Normen der Reihe DIN EN 62305 (VDE 0185-305) oder durch andere Bestimmungen, z. B. durch Anforderungen der Gebäudeversicherer, gefordert.

Hinweis
Im Geltungsbereich der DIN VDE 0100-534 sind ortsveränderliche Überspannung-Schutzeinrichtungen und in Geräten oder Betriebsmitteln eingebaute Überspannung-Schutzeinrichtungen nicht berücksichtigt.

Die Anforderungen der neuen DIN VDE 0100-534 (2016-10) gelten für Wechselspannungssysteme und falls technisch und von den Produkteigenschaften her anwendbar auch für Gleichspannungs-Systeme, allerdings nur im Niederspannungsbereich AC 1.000 V/DC 1.500 V.

Abschnitt 534.3
Begriffe

Die in diesem Teil der Normenreihe DIN VDE 0100 aufgeführten normativen Begriffe gelten zusammen mit den normativen Begriffen der DIN VDE 0100-200.

Hinweis
Nachfolgend werden nur noch die Begriffe definiert bzw. aufgeführt, die nicht schon im Abschnitt über die DIN VDE 0100-443 (2016-10) enthalten waren.

„SPD-Kombination
Eine oder mehrere Überspannung-Schutzeinrichtungen (SPDs), jeweils inklusive aller vom Hersteller der Überspannung-Schutzeinrichtung (SPD) vorgeschriebenen Abtrennvorrichtungen, die zum Überspannungsschutz eines bestimmten Systems nach Art der Erdverbindung notwendig sind."

Kommentar
In der Regel handelt es sich um eine Kombination einer Überspannung-Schutzeinrichtung (SPD) mit einer in einem Gehäuse integrierten oder einer separat angeordneten Überstrom-Schutzeinrichtung.

„Abtrennvorrichtung einer Überspannung-Schutzeinrichtung (SPD)
Vorrichtung, die benötigt wird, um eine Überspannung-Schutzeinrichtung (SPD) oder einen Teil einer Überspannung-Schutzeinrichtung (SPD) vom Netz zu trennen."

Hinweis
Es können mehrere Abtrennvorrichtungen vorhanden sein, z. B. eine externe Überstrom-Abtrennvorrichtung und eine interne thermische Abtrennvorrichtung. Diese Funktionen können aber auch in einer Einheit realisiert sein.

„Schutzpfad
Vorgesehener Strompfad zwischen den Anschlussklemmen, der ein oder mehrere Schutzelemente enthält, z. B. zwischen den Leitern, Leiter gegen Erde, Leiter gegen Neutral, Neutral gegen Erde.“

Hinweis
Mit Schutzelementen gegen transiente Überspannung beschaltene Bezugspunkte einer Überspannung-Schutzeinrichtung (SPD).

„Folgestromlöschfähigkeit I_{fi}
Unbeeinflusster Kurzschlussstrom (prospektiver Kurzschluss), der von der Überspannung-Schutzeinrichtung (SPD) selbständig und ohne Abtrennung unterbrochen werden kann.“

Hinweis
Das Folgestromlöschvermögen wird immer als prospektiver Kurzschlussstrom bezogen auf den Einbauort der Überspannung-Schutzeinrichtung (SPD) angegeben.

„Kurzschlussfestigkeit der Überspannung-Schutzeinrichtung I_{SCCR}
Höchster unbeeinflusster Kurzschlussstrom des elektrischen Netzes, für den die Überspannung-Schutzeinrichtung (SPD) in Verbindung mit seinen vorgegebenen Abtrennvorrichtungen bemessen ist.“

Hinweis
Die Kurzschlussfestigkeit der Überspannung-Schutzeinrichtung wird immer als prospektiver Kurzschlussstrom bezogen auf den Einbauort der Überspannung-Schutzeinrichtung (SPD) und auf ein vorgeschaltetes Überstromschutzorgan angegeben.

„Schutzpegel U_p
Maximale Spannung, die an den Anschlussklemmen der Überspannung-Schutzeinrichtung (SPD) während der Belastung mit einem Impuls festgelegter Spannungssteilheit und einem Ableitstoßstrom gegebener Amplitude und Wellenform auftreten kann.“

Hinweis
Maximal unter Normbedingungen der DIN EN 61643-11 (VDE 0675-6-11) auftretende Spannung an den Ableiter-Anschlussklemmen.

„Nennableitstoßstrom für Prüfung der Klasse II I_N
Scheitelwert des durch die Überspannung-Schutzeinrichtung (SPD) fließenden Stromes mit der Impulsform 8/20.“

Hinweis
Unter Normbedingungen der DIN EN 61643-11 (VDE 0675-6-11) auftretender Scheitelwert des vom Ableiter (z. B. SPD Typ 2) abgeleiteten Impulsstrom der Wellenform 8/20 µs.

„Blitzstoßstrom für Prüfung der Klasse I I_{imp}
Stromscheitelwert eines Ableitstoßstromes durch eine Überspannung-Schutzeinrichtung (SPD) mit einer festgelegten Ladung Q und einer festgelegten Energie W/R in einer festgelegten Zeit.“

Hinweis
Unter Normbedingungen der DIN EN 61643-11 (VDE 0675-6-11) auftretender Scheitelwert des vom Ableiter (z. B. SPD Typ 1) abgeleiteten Impulsstrom der Wellenform 10/350 µs.

„One-Port-SPD
Überspannung-Schutzeinrichtung (SPD), die keine bestimmungsgemäße Reihenimpedanz besitzt.“ (siehe **Bild 3.1**)

„Two-Port-SPD
Überspannung-Schutzeinrichtung (SPD), die eine bestimmte Reihenimpedanz zwischen den Eingangs- und Ausgangsklemmen aufweist.“ (siehe **Bild 3.2**).

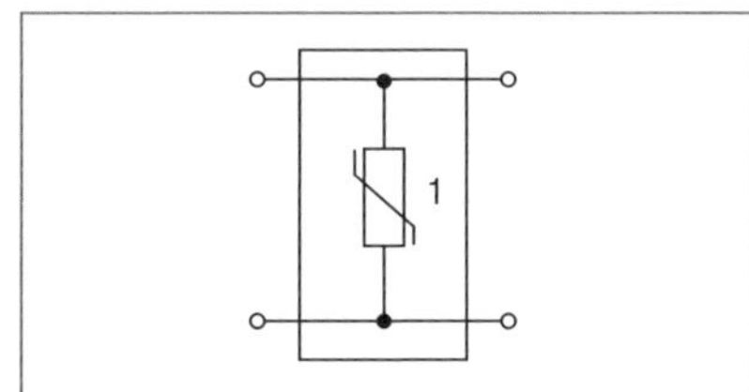

Bild 3.1 *Zweipolige One-Port-SPD*

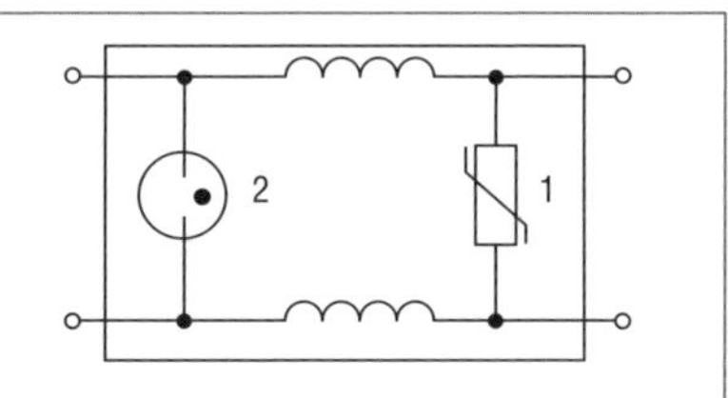

Bild 3.2 *Zweipolige Two-Port-SPD*

Abschnitt 534.4.1
Errichtungsort und Prüfklasse (Typ) von Überspannung-Schutzeinrichtungen (SPDs)

Allgemeine und grundlegende Festlegungen zur Anwendung und Projektierung von Überspannung-Schutzeinrichtungen sind folgende:

- Einbau der Überspannung-Schutzeinrichtungen (SPDs) möglichst nah am Speisepunkt bzw. am zu schützenden Betriebsmittel.
- Sind direkte Blitzstrom-Einkopplungen (Wellenform 10/350 µs) möglich, sind Blitzstromableiter SPD Typ 1 notwendig.
- In Deutschland müssen bei baulichen Anlagen mit Freileitungseinspeisung Blitzstromableiter SPD Typ 1 eingesetzt werden [siehe Anhang B der DIN VDE 0100-534 (2016-10)].
- Wenn nach DIN VDE 0100-443 (2016-10) oder anderen Normen Überspannung-Schutzeinrichtungen (SPDs) Typ 2 notwendig sind, müssen diese nach den Vorgaben der DIN VDE 0100-534 (2016-10) in die elektrische Anlage integriert werden.
- Wenn ein wirksamer Schutz der Betriebsmittel oder auch der Endgeräte erreicht werden soll oder muss, dann ist es notwendig, alle Verbindungen des jeweiligen Betriebsmittels oder auch des Endgerätes mit Überspannung-Schutzeinrichtungen (SPDs) zu beschalten, oder andere vergleichbare Maßnahmen müssen ergriffen werden.
- In der Praxis müssen mindestens in jedem elektrischem Verteiler oder jeder Schaltanlage geeignete Überspannung-Schutzeinrichtungen (SPDs) eingeplant werden, um die Anforderungen des Abschnittes 534.4.1 der DIN VDE 0100-534 (2016-10) zu erfüllen.

Weitere Vorgaben und Anforderungen werden in den nachfolgenden Abschnitten aufgezeigt und zur besseren Anwendbarkeit in der Praxis vom Autor kommentiert.

Kann eine Überspannung-Schutzeinrichtung (SPD) Typ 1 den nach Abschnitt 534.4.4.2 der DIN VDE 0100-534 (2016-10) geforderten Schutz nicht komplett sicherstellen, so muss zusätzlich eine koordinierte Überspannung-Schutzeinrichtung (SPD) Typ 2 oder eine Überspannung-Schutzeinrichtung (SPD) Typ 3 am Endgerät errichtet werden, um den geforderten Schutzpegel sicherzustellen.

Zusätzliche Überspannung-Schutzeinrichtungen (SPDs) Typ 2 oder Typ 3 können in der Nähe von empfindlichen Betriebsmitteln notwendig sein, um diese Betriebsmittel entsprechend Abschnitt 534.4.4.2 der DIN VDE 0100-534 (2016-10) ausreichend zu schützen. Diese zusätzlichen Überspannung-

Schutzeinrichtungen (SPDs) müssen mit den vorgeordneten Überspannung-Schutzeinrichtungen (SPDs) energetisch koordiniert und vom Hersteller für die jeweilige Anordnung zugelassen sein.

Bild 3.3 stellt diesen grundsätzlichen und sehr elementaren Zusammenhang vereinfacht dar und stellt auch mehrere Schutzvarianten vor.

Sind Überspannung-Schutzeinrichtungen (SPDs) einer elektrischen Schaltanlage oder eines Verteiler nachgeschaltet errichtet, wird im betreffenden Verteiler oder der elektrischen Schaltanlage ein Warnhinweis auf die nicht sofort offensichtlichen Überspannung-Schutzeinrichtungen (SPDs) normativ verbindlich gefordert.

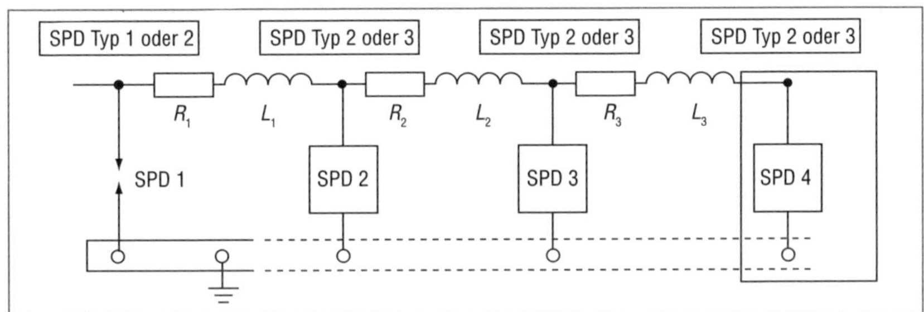

Bild 3.3 *Beispielhafte Anordnung von koordinierten Überspannung-Schutzeinrichtungen*

Abschnitt 534.4.2

Anforderungen zum Schutz bei transienten Überspannungen

Der Schutz gegen transienten Überspannungen kann durch jeweils geeignete Überspannung-Schutzeinrichtungen (SPDs) sichergestellt werden:

- zwischen den aktiven Leitern und Erde (Schutzleiter) – Schutz gegen Gleichtaktstörungen (engl.: Common mode protection)
- zwischen den aktiven Leitern – Schutz gegen Gegentaktstörungen (engl.: Differential mode protection)

In der Regel ist zu einem effizienten Schutz der elektrischen Betriebsmittel ein kombinierter Schutz für beide Fälle notwendig.

Hinweis

Nach den normativen Anforderungen ist nur der Schutz zwischen den aktiven Leitern und dem PE-Leiter vorgeschrieben, einschließlich natürlich des Schutzes zwischen Neutralleiter und PE-Leiter, wenn ein Neutralleiter vorhanden ist.

Die **Bilder 3.4** und **3.5** stellen die beiden unterschiedlichen Störgrößen vereinfacht dar.

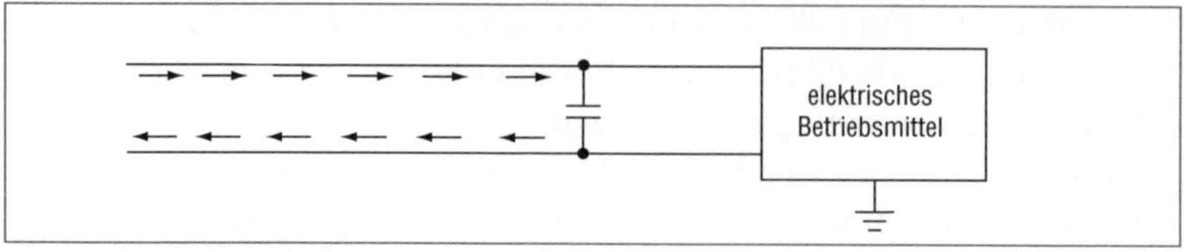

Bild 3.4 *Beispielhafte Anordnung Gegentaktstörungen (Differential mode protection)*

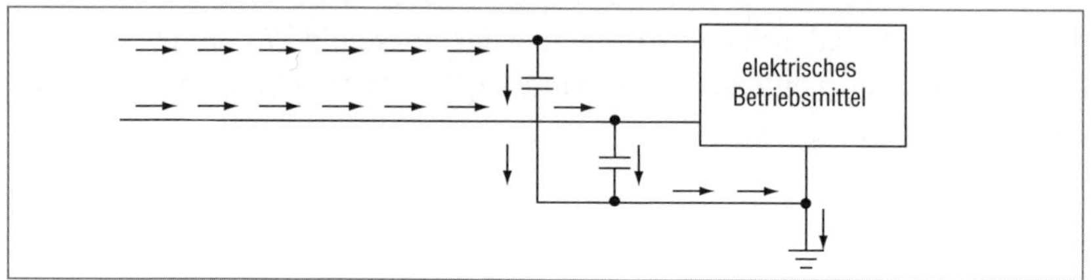

Bild 3.5 *Beispielhafte Anordnung Gleichtaktstörungen (Common mode protection)*

Abschnitt 534.4.3
Anschlussschemata

Nachfolgend werden die typischen bzw. normativen *Anschlussschemata* für Überspannung-Schutzeinrichtungen (SPDs) dargestellt und die technischen Anwendungen aufgezeigt.

Anschlussschema 1

(3+0-Schaltung oder 4+0-Schaltung): Eine mehrpolige Überspannung-Schutzeinrichtung (SPD), die einen Schutzpfad zwischen jedem aktiven Leiter (Außenleiter und Neutralleiter) und Schutzleiter oder PEN-Leiter aufweist.

Bild 3.6 zeigt das Anschlussschema 1 (4+0-Schaltung) in einem 3-phasigen System mit Neutralleiter.

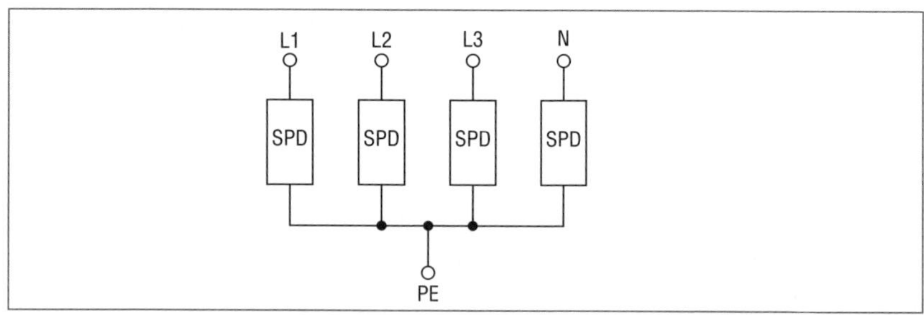

Bild 3.6 *Anschlussschema 1 (4+0-Schaltung) in einem 3-phasigen System mit Neutralleiter*

Anschlussschema 2

Eine mehrpolige Überspannung-Schutzeinrichtung (SPD),die einen Schutzpfad zwischen jedem Außenleiter *und* Neutralleiter und einen Schutzpfad zwischen dem Neutralleiter und Schutzleiter aufweist. **Bild 3.7** zeigt das Anschlussschema 2 (3+1-Schaltung) in einem 3-phasigen System mit Neutralleiter.

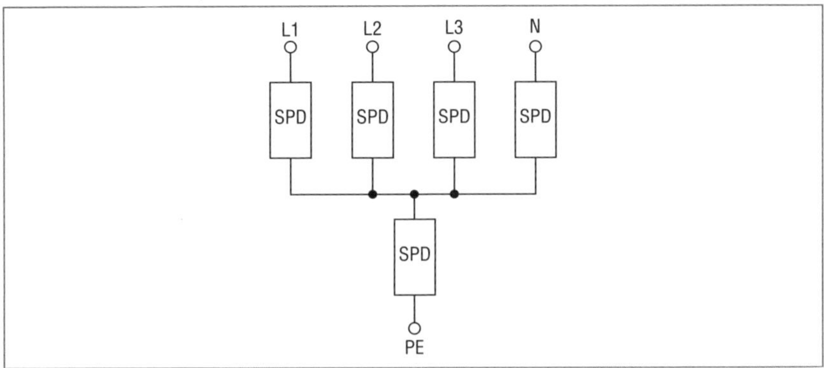

Bild 3.7 *Anschlussschema 2 (3+1-Schaltung) in einem 3-phasigen System mit Neutralleiter*

Hinweis

Das Anschlussschema 1 stellt hauptsächlich den Schutz bei Gleichtaktstörgrößen sicher. Ist ein Schutz auch bei Gegentaktstörgrößen notwendig, sind in den meisten Fällen zusätzliche Überspannung-Schutzeinrichtungen (SPDs) zwischen den aktiven Leitern notwendig.

Das Anschlussschema 2 stellt einen kombinierten Schutz bei Gleichtaktstörgrößen *und* bei Gegentaktstörgrößen sicher.

Dieser Sachverhalt wird dem Anwender in den Anmerkungen 1 und 2 im Abschnitt 534.4.3 der DIN VDE 0100-534 (2016-10) als Projektierungshilfe zur Verfügung gestellt. Wichtig ist auch die zusätzliche normative Ausführungsanforderung.

In TN-C- oder TN-S-Systemen kann die Überspannung-Schutzeinrichtung (SPD) zwischen Neutralleiter und Schutzleiter (PE) entfallen, wenn die PEN-Leiter-Aufteilung in N und PE sowie der Installationsort der Überspannung-Schutzeinrichtungen (SPDs) weniger als 0,5 m auseinanderliegen.

Abschnitt 534.4.4
Auswahl von Überspannung-Schutzeinrichtungen

Überspannung-Schutzeinrichtungen müssen anhand folgender Kenngrößen bzw. Vorgaben oder Produkteigenschaften ausgewählt und errichtet werden:

- Der Schutzpegel U_p der Überspannung-Schutzeinrichtung (SPD) und die Bemessungs-Stoßspannung U_W der zu schützenden elektrischen Betriebsmittel müssen aufeinander abgestimmt werden.
- Höchste Dauerspannung U_C je nach System und Art der Erdverbindung bzw. der Netzform sowie der Versorgungsspannung des speisenden Versorgungsnetzes.
- Nennableitstoßstrom I_n (Wellenform 8/20 µs) oder Blitzstoßstrom I_{imp} (Wellenform 10/350 µs).
- Koordinationsanforderungen mehrerer Überspannung-Schutzeinrichtungen (SPDs) und der zusätzlichen Herstellervorgaben.
- Kurzschlussstrom (prospektiv) am Einbauort.
- Herstellerangaben zum Folgestromlöschvermögen.
- Wenn notwendig Selektivitätsanforderungen an die den Überspannung-Schutzeinrichtungen (SPDs) jeweils vorgeschalteten Überstromschutzeinrichtungen.
- Überspannung-Schutzeinrichtungen (SPDs) müssen den einschlägigen Produktnormen DIN EN 61643-11 (VDE 0675-6-11) entsprechen.

Hinweis

Grundsätzlich gilt nach Abschnitt 534.4.4.2 die normativ verbindliche Festlegung, dass der Schutzpegel von Überspannungsschutzgeräten (SPDs) in elektrischen Anlagen der Überspannungskategorie II oder geringer entsprechen muss.

Dies gilt auch in dem folgenden Fall:

Wird der Überspannungsschutz zwischen den aktiven Leitern und dem Schutzleiter durch eine Reihenschaltung mehrerer Schutzpfade sichergestellt (z. B. durch die 3+1-Schaltung nach Anschlussschema 2), dann muss diese Schaltungsvariante das oben aufgeführte Kriterium für den Schutzpegel (Überspannungskategorie II) erfüllen.

Vom AK 221.2.2 des DKE wird zusätzlich folgende Empfehlung ausgesprochen:

Es wird empfohlen, dass der Schutzpegel von Überspannung-Schutzeinrichtungen (SPDs) 80 % der in Tabelle 534.1 angegebenen und der entsprechend Überspannungskategorie II notwendigen Bemessungs-Stoßspannung nicht überschreitet.

Der vorhandene Schutzpegel darf aber in *keinem Fall* die definierte Bemessungs-Stoßspannung der elektrischen Betriebsmittel überschreiten, dies gilt natürlich eingerechnet aller zusätzlichen spannungserhöhenden Elementen wie Überspannung-Schutzeinrichtungen und Leitungslängen der Anschlussleitungen.

Die oben aufgeführte sogenannte 80-%-Empfehlung muss vom Planer oder vom Ausführenden ausdrücklich nicht beachtet werden, wenn er eine der nachfolgenden Alternativen gewählt oder realisiert hat:

- Das zu betrachtende elektrische Betriebsmittel ist unmittelbar mit den Anschlussklemmen verbunden, sodass keine oder nur sehr geringe zusätzliche Spannungspegel durch die Reaktanz der Anschlussleiter entstehen.
- Das Anschlussschema nach Bild 534.9 wurde realisiert (diese Schaltungsvariante wird auch als V-Schaltung bezeichnet).
- Der zusätzliche Spannungspegel, der durch die Reaktanz der Anschlussleiter entsteht, wurde bei der Projektierung und Ausführung schon berücksichtigt und überschreitet nicht die Bemessungs-Stoßspannung der elektrischen Betriebsmittel.
- Es wird ein Überspannungspegel nach Überspannungskategorie II sichergestellt, im entsprechenden Anlagenbereich sind nur Betriebsmittel der Überspannungskategorie III oder IV vorhanden.

Anmerkung
In Tabelle 534.1 ist die geforderte Bemessungs-Stoßspannung von elektrischen Betriebsmitteln bezogen auf die Nennspannung des Versorgungsnetzes aufgeführt.

Um den Ausfall oder eine Fehlfunktion elektrischer Betriebsmittel zu verhindern, ist es möglich, einen zusätzlichen Überspannungsschutz zwischen den aktiven Leitern zu realisieren, um den notwendigen Schutzpegel entsprechend der Störfestigkeit der elektrischen Betriebsmittel zu gewährleisten.

Kann der geforderte Schutzpegel mit einer alleinigen SPD-Kombination nicht erfüllt werden, dann müssen zusätzliche koordinierte Überspannung-Schutzeinrichtungen (SPDs) verwendet werden, um den geforderten Schutzpegel der Betriebsmittel sicherzustellen.

Abschnitt 534.4.4.3
Auswahl von Überspannung-Schutzeinrichtungen (SPDs) entsprechend der höchsten Dauerspannung (U_C)

In Wechselspannungssystemen muss die höchste vorkommende Dauerspannung U_C von Überspannung-Schutzeinrichtungen (SPDs) mindestens den Werten von Tabelle 534.2 (hier auszugsweise in **Tabelle 3.1** wiedergegeben) entsprechen.

Anschlusspunkt der Überspannung-Schutzeinrichtungen (SPDs)	System der Erdverbindung (Netzform)		
	TN-System	TT-System	IT-System
Außenleiter zu Neutralleiter	$1{,}1 \cdot U/1{,}732$	$1{,}1 \cdot U/1{,}732$	$1{,}1 \cdot U/1{,}732$
Außenleiter zu Schutzleiter	$1{,}1 \cdot U/1{,}732$	$1{,}1 \cdot U/1{,}732$	$1{,}1 \cdot U$
Außenleiter zu PEN-Leiter	$1{,}1 \cdot U/1{,}732$	nicht anwendbar	nicht anwendbar
Neutralleiter zu Schutzleiter	$U/1{,}732$	$U/1{,}732$	$1{,}1 \cdot U/1{,}732$
Außenleiter zu Außenleiter	$1{,}1 \cdot U$	$1{,}1 \cdot \mathrm{U}$	$1{,}1 \cdot U$

Tabelle 3.1 *Auszug aus Tabelle 534.2 DIN VDE 0100-534 (2016-10)*

Abschnitt 534.4.4.4
Auswahl von Überspannung-Schutzeinrichtungen (SPDs) entsprechend des Nennableitstromes (I_N) und des Blitzstoßstromes (I_{imp})

Wenn ein Gebäude mit einem äußeren Blitzschutz versehen ist, muss am oder in der Nähe des Speisepunkts der elektrischen Anlage ein „Blitzstromableiter“ SPD Typ 1 vorgesehen werden. Die Auswahl der Überspannung-Schutzeinrichtungen (SPDs) muss dann nach dem Abschnitt 534.4.4.4.2 und Tabelle 534.4 erfolgen und selbstverständlich unter Beachtung der Herstellervorgaben geplant und realisiert werden.

Sobald Schutzmaßnahmen gegen transiente Überspannungen notwendig sind und auf einem Gebäude kein äußeres Blitzschutzsystem vorhanden ist, muss nach den Vorgaben der DIN VDE 0100-443 (2016-10) der Abschnitt 534.4.4.4.1 betrachtet und umgesetzt werden. Selbstverständlich sind auch in solchen Fällen die Herstellervorgaben der jeweiligen Komponenten umzusetzen.

Hinweis

In solchen Fällen ist es praktisch immer notwendig, mehrere Überspannung-Schutzeinrichtungen (SPDs) unter Beachtung der Herstellervorgaben zur energetischen Koordination in die bauliche Anlage zu integrieren.

Abschnitt 534.4.4.4.1
Überspannung-Schutzeinrichtungen (SPDs) Typ 2

In diesem Abschnitt werden die Vorgaben bezüglich des Nennableitstoßstromes I_N der in den elektrischen Anlagen der Gebäude einzusetzenden Überspannung-Schutzeinrichtungen (SPDs) Typ 2 definiert. Dies geschieht unter dem Gesichtspunkt ihrer mindestens erforderlichen Leistungsfähigkeit bezogen auf die jeweilige Anschlussart (Einphasensystem oder Dreiphasensystem) und den Anschlusspunkt.

Die Anforderungen der normativen Tabelle 534.3 werden in **Tabelle 3.2** auszugsweise dargestellt.

Die Abkürzung „CT" in der Tabelle 3.2 steht für „Connection-Type" – auf Deutsch Anschlussschema.

Hinweis

Es sollten grundsätzlich die Werte der **Tabelle 3.3** [Auszug aus Tabelle 534.3-B aus DIN VDE 0100-534 (2016-10)] verwendet werden, was den Nennableitstoßstrom I_N der in den elektrischen Anlagen der Gebäude einzusetzenden Überspannung-Schutzeinrichtungen (SPDs) Typ 2 angeht. Tabelle 534.3-B aus DIN VDE 0100-534 (2016-10) ist in Deutschland normativ verbindlich.

Anschluss	Nennableitstoßstrom (I_N) in kA			
	Einphasensystem		Dreiphasensystem	
	CT 1	CT 2	CT 1	CT 2
Außenleiter zu Neutralleiter	–	5	–	5
Außenleiter zu PE-Leiter	5	–	5	–
Neutralleiter zu PE-Leiter	5	10	5	20

Tabelle 3.2 *Auszug aus Tabelle 534.3 DIN VDE 0100-534 (2016-10)*

Anschluss	Nennableitstoßstrom (I_N) in kA			
	Einphasensystem		Dreiphasensystem	
	CT 1	CT 2	CT 1	CT 2
Außenleiter zu Neutralleiter	–	10	–	10
Außenleiter zu PE-Leiter	10	–	10	–
Neutralleiter zu PE-Leiter	10	20	10	40

Tabelle 3.3 *Auszug aus Tabelle 534.3-B DIN VDE 0100-534 (2016-10)*

Hinweis

Die Werte aus Tabelle 3.3 entsprechen den in Deutschland üblichen und problemlos in der Praxis verfügbaren Werten des Nennableitstoßstromes I_N gängiger Überspannung-Schutzeinrichtungen (SPDs) Typ 2.

Bezüglich der Koordination mehrerer Überspannung-Schutzeinrichtungen (SPDs) müssen verbindlich Abschnitt 534.4.4.5 der DIN VDE 0100-534 (2016-10) und die einschlägigen Herstellervorgaben beachtet werden. Zusätzlich sind grundsätzliche Aussagen zur Koordination von Überspannung-Schutzeinrichtungen (SPDs) in DIN CLC/TS 61643-12 (VDE V 0675-6-12) und in DIN VDE 0184 enthalten.

Abschnitt 534.4.4.4.2
Überspannung-Schutzeinrichtungen (SPDs) Typ 1

Werden Überspannung-Schutzeinrichtungen (SPDs) Typ 1 in die baulichen Anlagen eingebracht, für die keine Risikoanalyse nach DIN EN 62305-305-2 (VDE 0185-305-2) durchgeführt wurde – was bei den meisten Anlagen nach DIN VDE 0100-443 und DIN VDE 0100-534 der Fall sein dürfte – dann sind mindestens die Werte der Tabelle 534.4 bezüglich des Ableitvermögens I_{imp} einzuhalten.

Die Anforderungen der normativen Tabelle 534.4 werden in **Tabelle 3.4** auszugsweise dargestellt.

Anschluss	Ableitvermögen (I_{imp}) in kA			
	Einphasensystem		Dreiphasensystem	
	CT 1	CT 2	CT 1	CT 2
Außenleiter zu Neutralleiter	–	12,5	–	12,5
Außenleiter zu PE-Leiter	12,5	–	12,5	–
Neutralleiter zu PE-Leiter	12,5	25	12,5	50

Tabelle 3.4 *Auszug aus Tabelle 534.4 DIN VDE 0100-534 (2016-10)*

Hinweis

Die Werte der Tabelle 3.4 entsprechen den Werten für die Blitzschutzklasse (LPL) III bzw. Blitzschutzklasse (LPL) IV nach DIN EN 62305 (VDE 0185-305).

Wurde eine Risikoanalyse nach DIN EN 62305-305-2 (VDE 0185-305-2) durchgeführt, muss der notwendige Blitzstoßstrom I_{imp} der Überspannung-Schutzeinrichtungen (SPDs) Typ 1 nach DIN EN 62305 (VDE 0185-305) bestimmt bzw. ermittelt werden.

Wichtiger Hinweis

In Deutschland müssen bei baulichen Anlagen mit Freileitungseinspeisung normativ verbindlich Überspannung-Schutzeinrichtungen (SPDs) Typ 1 nach Anhang B eingesetzt werden.

Abschnitt 534.4.4.6
Auswahl von Überspannung-Schutzeinrichtungen (SPDs) entsprechend der Kurzschlussfestigkeit

Bezüglich der Kurzschlussfestigkeit von Überspannung-Schutzeinrichtungen (SPDs) gilt, dass die Herstellerangaben (Kurzschlussfestigkeit I_{SCCR}) zu beachten sind und mit den an den Anschlusspunkten der Überspannung-Schutzeinrichtungen (SPDs) auftretenden prospektiven Kurzschlussgrößen zu vergleichen sind. Die Kurzschlussfestigkeit (I_{SCCR}) der Schutzeinrichtungen (SPDs) muss mindestens dem an der Einbaustelle auftretenden prospektiven Kurzschlussstrom entsprechen.

Wie in **Bild 3.8** ersichtlich, ist der prospektive Kurzschlussstrom zwischen den Punkten A und B von ausschlaggebender Bedeutung. Er muss normativ verbindlich zur Auswahl von Überspannung-Schutzeinrichtungen (SPDs) entsprechend der Kurzschlussfestigkeit verwendet werden.

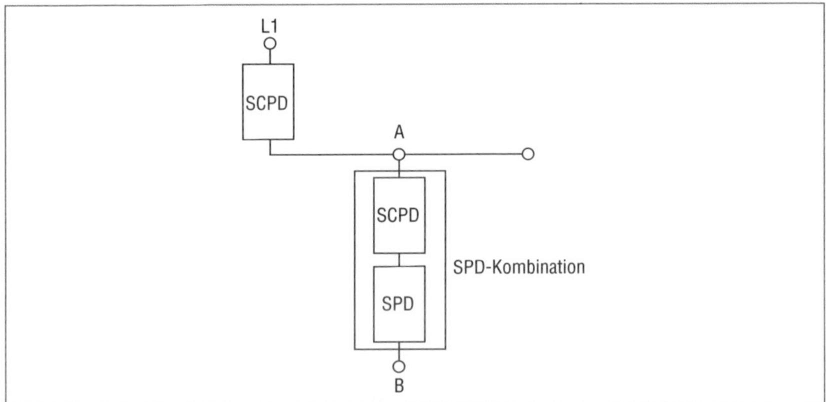

Bild 3.8 *Auslegung der Kurzschlussfestigkeit entsprechend dem Bild 534.5 aus DIN VDE 0100-534 (2016-10)*

Abschnitt 534.4.4.7
Auswahl von Überspannung-Schutzeinrichtungen (SPDs) entsprechend der Folgestromlöschfähigkeit

Falls vom Hersteller der Überspannung-Schutzeinrichtung (SPD) eine Folgestromlöschfähigkeit I_{fi} ausgewiesen wird, muss diese mindestens dem an den Anschlusspunkten der SPD-Kombination zu erwartenden maximalen prospektiven Kurzschlussstrom entsprechen (siehe Bild 3.8, Anschlusspunkte A und B).

Abschnitt 534.4.5
Schutz von Überspannung-Schutzeinrichtungen (SPDs) bei Überstrom

Überspannung-Schutzeinrichtungen (SPDs) müssen gegen Überstrom nach den nachfolgenden Vorgaben geschützt werden:

- Herstellervorgaben sind zwingend zu beachten, unabhängig davon, ob es sich hier um externe oder interne Überspannung-Schutzeinrichtungen (SPD) handelt.
- Die Bemessungswerte und die Kenndaten von externen Überstromschutzeinrichtungen müssen nach DIN VDE 0100-430 Abschnitt 434 ausgelegt werden.
- Es sollte eine möglichst hohe Absicherung gewählt werden, um die Stoßstromfestigkeit der gesamten Kombination (Überstromschutzeinrichtung und Überspannung-Schutzeinrichtung) zu erreichen.

Abschnitt 534.4.5.2
Anordnung von Überspannung-Schutzeinrichtungen (SPDs) und Überstromschutzeinrichtungen

Die Anordnung und der fachgerechte Einbau der zum Schutz von Überspannung-Schutzeinrichtungen (SPDs) genutzten Überstromschutzeinrichtungen kann die Versorgungssicherheit der elektrischen Anlage und den tatsächlich in der elektrischen Anlage wirksamen bzw. vorhandenen Schutzpegel beeinflussen.

Nach der Anordnung unter Punkt a) bzw. Bild 534.6 der DIN VDE 0100-534 (2016-10), bei der die Überstromschutzeinrichtung kurz vor der Überspannung-Schutzeinrichtung (SPD) nach dem Abzweigpunkt A eingebaut ist, wird der Verfügbarkeitsansatz für die elektrische Anlage durch ein Ansprechen der Überstromschutzeinrichtung nicht negativ beeinflusst.

Allerdings ist nach dem Ansprechen der Überstromschutzeinrichtung der Schutz gegen transiente Überspannungen durch die nachfolgende Überspannung-Schutzeinrichtung (SPD) nicht mehr gegeben. Dieser problematische Punkt (**Bild 3.9**) muss vom Betreiber der elektrischen Anlage durch technische oder organisatorische Überwachungsmaßnahmen abgedeckt werden.

Diese Anordnung bzw. Schutzvariante wird nach den Erfahrungen des Autors unter den Praktikern am häufigsten ausgeführt.

Nach der Anordnung unter Punkt b) bzw. Bild 534.6 der DIN VDE 0100-534 (2016-10), bei der die Überstromschutzeinrichtung vor der Überspannung-Schutzeinrichtung (SPD) und vor dem Abzweigpunkt A eingebaut ist, wird der Verfügbarkeitsansatz für die elektrische Anlage durch ein Ansprechen der Überstromschutzeinrichtung negativ beeinflusst.

Allerdings ist nach dem Ansprechen der Überstromschutzeinrichtung der Schutz gegen transiente Überspannungen durch die nachfolgende Überspannung-Schutzeinrichtung (SPD) immer noch gegeben.

Dieser problematische Punkt **(Bild 3.10)** muss auch hier vom Betreiber der elektrischen Anlage durch technische oder organisatorische Überwachungsmaßnahmen abgedeckt werden.

Werden die Überstromschutzeinrichtungen in der Zuleitung des Strompfades der Überspannung-Schutzeinrichtung (SPD) angeordnet, ist die Spannungsversorgung der elektrischen Anlage dort sehr wahrscheinlich nach einem Fehlerzustand in der Überspannung-Schutzeinrichtung (SPD) unterbrochen (siehe Bild 3.10). Hingegen wird bei dieser Anordnung der tatsächlich in der elektrischen Anlage wirksame Schutzpegel möglichst klein gehalten.

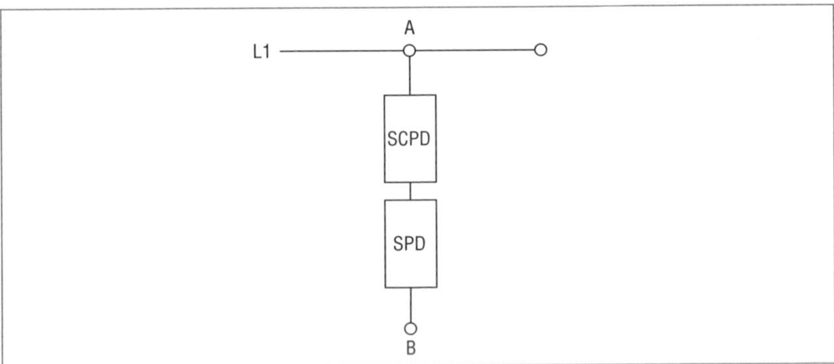

Bild 3.9 *Beispiel für eine fest zugeordnete, externe Überstromschutzeinrichtung im Strompfad der Überspannung-Schutzeinrichtung (SPD) nach Bild 534.6 der DIN VDE 0100-534 (2016-10).*

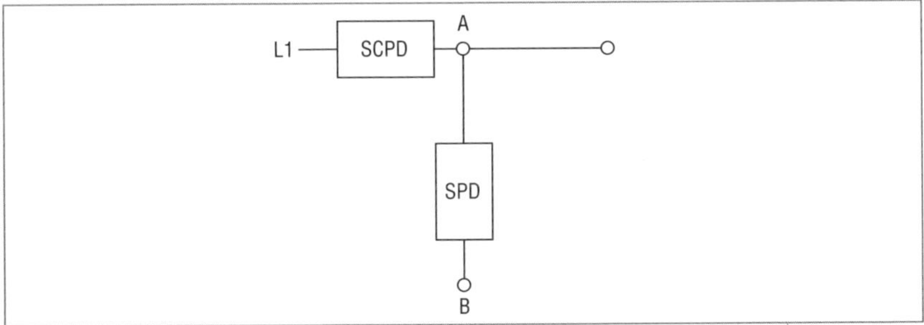

Bild 3.10 *Beispiel für externe Überstromschutzeinrichtung, die Bestandteil der elektrischen Anlage ist und auch zum Überstromschutz der Überspannung-Schutzeinrichtung (SPD) nach Bild 534.7 der DIN VDE 0100-534 (2016-10) verwendet wird.*

Hinweis

Die abweichende Darstellung der Überstromschutzeinrichtung als SCPD (Kurzschlussschutzeinrichtung) in den vorangegangenen Bildern wurde absichtlich gewählt, da beim Schutz der Überspannung-Schutzeinrichtung (SPD) und der Anschlussleiter ein Überlastschutz nicht relevant ist, sondern nur der Schutz gegen die Auswirkungen eines Kurzschlusses in oder auch vor der Überspannung-Schutzeinrichtung (SPD).

Abschnitt 534.4.5.3
Selektivität zwischen Überstromschutz-Einrichtungen

In diesem Abschnitt wird auf die Selektivitätsanforderungen bzw. Beschreibung der Möglichkeiten zur Realisierung der selektiven Anordnung von Überstromschutzeinrichtungen nach DIN VDE 0100-530 Abschnitt 536 und den Herstellervorgaben der Überspannung-Schutzeinrichtungen (SPDs) verwiesen. Diese werden in diesem Buch im weiteren Verlauf noch ausführlich erläutert.

Abschnitt 534.4.5.4
Stoßstromfestigkeit von vorgeordneten Installationseinrichtungen

Für die meisten Installationseinrichtungen, die Überspannung-Schutzeinrichtungen (SPDs) vorgeordnet sind, ist nach entsprechenden einschlägigen Produktnormen keine zugeordnete Stoßstromfestigkeit gefordert.

Die Errichtung von Überspannung-Schutzeinrichtungen (SPDs) so nah wie möglich am Einspeisepunkt (Hauptstromversorgungssystem) der elektrischen Anlage, entsprechend Abschnitt 534.4.1 der DIN VDE 0100-534 (2016-10), reduziert für die nachgeordneten Installationseinrichtungen die Stoßstrombelastung.

Hinweis

Für die Klassifizierung der elektrischen Betriebsmittel in Bezug auf ihre Stoßstrombelastbarkeit wird auf DIN CLC/TS 61643-12 (VDE V 0675-6-12) und die Angaben der jeweiligen Hersteller der Überspannung-Schutzeinrichtungen (SPDs) verwiesen.

Zukünftig wird die VDE-AR-N-4100 Anforderungen bezüglich der Stoßstrombelastbarkeit der elektrischen Betriebsmittel bzw. der elektrischen Anlage im Bereich des Hauptstromversorgungssystems (Teil der elektrischen Anlage, die ungezählte elektrische Energie führt) enthalten.

Abschnitt 534.4.6
Fehlerschutz (Schutz bei indirektem Berühren)

Der Schutz gegen indirektes Berühren (Fehlerschutz), wie in DIN VDE 0100-410 vorgegeben, muss für die Überspannung-Schutzeinrichtungen (SPDs) ausdrücklich auch eingehalten werden, wenn ein Defekt einer Überspannung-Schutzeinrichtung (SPD) auftritt.

Hierzu ist Folgendes zu beachten:

- Im TN-System ist dies vom Errichter der elektrischen Anlage durch die den Überspannung-Schutzeinrichtungen (SPDs) vorgeschalteten Überstromschutzeinrichtungen zu realisieren.
- Im TT-System ist dies durch die Errichtung der Überspannung-Schutzeinrichtungen (SPDs) nach einer Fehlerstromschutzeinrichtung (RCD) zu realisieren – soweit dies nach Abschnitt 534.4.7 der DIN VDE 0100-534 (2016-10) zulässig ist. Alternativ können Überspannung-Schutzeinrichtungen (SPDs) vor der Hauptfehlerstrom-Schutzeinrichtung errichtet werden, wenn hierzu die Bedingungen des Abschnittes 411.4.1 der DIN VDE 0100-410 (2007-06) eingehalten sind und das Anschlussschema 2 nach DIN VDE 0100-534 (2016-10) realisiert wird.
- Im IT-System sind keine weiteren oder zusätzlichen Maßnahmen aufgrund der Sternpunktbehandlung bzw. des Netzaufbaus erforderlich.

Wichtiger Hinweis

Um bei Fehlerstrom-Schutzeinrichtungen (RCDs) Fehlauslösungen oder das Verschweißen der Schaltkontakte zu vermeiden, soll eine Beaufschlagung mit hohen Impulsströmen oder Blitzteilströmen möglichst verhindert werden.

Dies liegt in dem Umstand begründet, dass die über die Normenreihe DIN VDE 0664 normativ vorgegebene Impulsstromfestigkeit der Fehlerstrom-Schutzeinrichtungen (RCDs) relativ gering ist und bei Beaufschlagung mit hohen Impulsströmen oder Blitzteilströmen Ausfälle dieser sehr wichtigen Schutzgeräte sehr wahrscheinlich sind.

Deshalb sollten Überspannung-Schutzeinrichtungen (SPDs) Typ 1 oder Typ 2 auf der Versorgungsseite (Einspeiseseite) der Fehlerstromschutzeinrichtung (RCD) errichtet werden. Siehe hierzu den Abschnitt 534.4.7 der DIN VDE 0100-534 (2016-10).

Sind transiente Überspannungen von der Lastseite (Ausgangsseite) der Fehlerstrom-Schutzeinrichtung (RCD) zu erwarten, z.B. durch im Außenbereich angebrachte elektrische Betriebsmittel, die nicht durch ein Blitzschutzsystem geschützt sind, werden Überspannung-Schutzeinrichtungen notwendig – bei Anordnung der elektrischen Betriebsmittel in LPZ 0A ein SPD Typ 1, bei Anordnung in LPZ 0B ein SPD Typ 2.

Abschnitt 534.4.7
Errichtung von Überspannung-Schutzeinrichtungen (SPDs) in Verbindung mit Fehlerstrom-Schutzeinrichtungen (RCDs)

Wenn Überspannung-Schutzeinrichtungen (SPDs) entsprechend der normativ verbindlichen Anforderungen des Abschnittes 534.1 der DIN VDE 0100-534 (2016-10) nach einer Fehlerstrom-Schutzeinrichtung (RCD) errichtet werden, dann ist dies grundsätzlich mit zeitverzögerten als auch mit unverzögerten Fehlerstrom-Schutzeinrichtungen (RCDs) möglich, soweit eine Mindest-Stoßstromfestigkeit von 3 kA (Wellenform 8/20 µs) gegeben ist.

Fehlerstrom-Schutzeinrichtungen (RCDs) der Bauart S (selektive RCDs) nach DIN EN 61008-1 (VDE 0664-10) und DIN EN 61009-1 (VDE 0664-20) erfüllen diese Anforderung grundsätzlich und wären für eine solche Anordnung geeignet.

Hinweis
Diese Anforderungen gelten nicht zwingend für Fehlerstrom-Schutzeinrichtungen (RCDs), die vor zusätzlichen Überspannung-Schutzeinrichtungen (SPDs), z. B. SPD Typ 3, errichtet sind, um den Schutz empfindlicher elektrischer Betriebsmittel zu gewährleisten.

Die Errichtung von Überspannung-Schutzeinrichtungen (SPDs) Typ 1 nach einer Fehlerstromschutzeinrichtung (RCD) wird nicht empfohlen, da durch die Belastung mit den Stoßströmen der Wellenform 10/350 µs ein Ausfall der Fehlerstromschutzeinrichtung (RCD) sehr wahrscheinlich ist und in diesem Fall auch weitere Anlagenschäden zu erwarten sind.

Hierzu hat das AK 221.2.2 der DKE im grau schattierten Teil des Abschnittes 534.4.7 folgende in Deutschland normative Anforderungen definiert:

- SPDs Typ 1 sind auf der Lastseite der Fehlerstromschutzeinrichtung (RCD) ausdrücklich nur dann zulässig, wenn Blitzteilströme von der Lastseite (Abgang Seite) der Fehlerstromschutzeinrichtung (RCD) zu erwarten sind (z. B. durch im Außenbereich in LPZ 0A angebrachte elektrische Betriebsmittel).
- SPDs Typ 2 sind auf der Lastseite (Ausgangsseite) der Fehlerstromschutzeinrichtung (RCD) nur zulässig, wenn bereits Überspannung-Schutz-

einrichtungen Typ 2 auf der Versorgungsseite (Einspeiseseite) der Fehlerstromschutzeinrichtung (RCD) vorhanden sind oder wenn alternativ Überspannungen von der Lastseite (Ausgangsseite) der Fehlerstromschutzeinrichtung (RCD) zu erwarten sind (z. B. durch im Außenbereich in LPZ 0B angebrachte elektrische Betriebsmittel).

Hinweis
Bezüglich der Anlagenverfügbarkeit muss allerdings immer beachtet werden, dass bei höheren Stoßströmen als 3 kA (Wellenform 8/20 µs) eine Auslösung der Fehlerstromschutzeinrichtung (RCD) möglich bzw. auch sehr wahrscheinlich ist, was dann zu einem zwangsläufigen Ausfall der elektrischen Anlage hinter der Fehlerstromschutzeinrichtung (RCD) führt.

Abschnitt 534.4.8
Anschluss von Überspannung-Schutzeinrichtungen (SPDs)

Die handwerkliche Ausführung, die Leiteranordnung und selbstverständlich die Leiterlänge der Anschlussleiter der Überspannung-Schutzeinrichtungen (SPDs) beeinflussen ganz erheblich die in der elektrischen Anlage tatsächlich wirksamen Überspannungspegel.

Alle Anschluss- und Verbindungsleitungen zwischen Überspannung-Schutzeinrichtung (SPD) und den zu schützenden aktiven Leitern sowie alle Verbindungen zwischen den Überspannung-Schutzeinrichtungen (SPDs) und allen externen Abtrennvorrichtungen (z. B. Vorsicherungen) müssen möglichst kurz und geradlinig vom Errichter der elektrischen Anlage erstellt werden.

Nicht notwendige Leiterschleifen oder Reservelängen müssen vermieden werden.

Schutzzielanforderung der gesamten Situation

Eine impedanzarme Verlegung der Anschluss- bzw. Verbindungsleiter beeinflusst den in der elektrischen Anlage tatsächlich wirksamen Überspannungspegel positiv.

Die maximal zulässigen Leitungslängen der Anschluss- bzw. Verbindungsleiter sind in der DIN VDE 0100-534 im Bild 534.8 dargestellt und dürfen insgesamt 0,5 m ausdrücklich nicht übersteigen.

Es muss unbedingt vom Errichter der elektrischen Anlage gewährleistet werden, dass die Gesamtlänge aller Leitungen zwischen den Anschlusspunkten der SPD-Schutzeinrichtungen einen Wert von 0,5 m nicht überschreitet – siehe hierzu **Bild 3.11**.

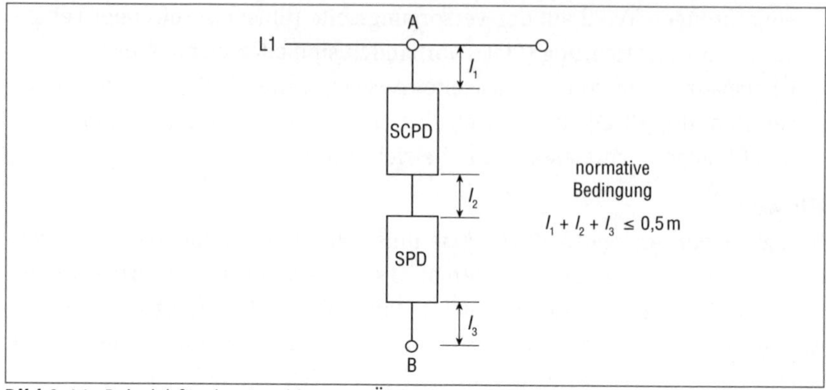

Bild 3.11 *Beispiel für den Anschluss von Überspannung-Schutzeinrichtungen (SPD) nach Bild 534.8 der DIN VDE 0100-534 (2016-10)*

Hinweis

Um diese normative Anforderung der DIN VDE 0100-534 (2016-10) zu erfüllen, muss der Schutzleiter an eine möglichst naheliegende Schutzleiterklemme (Erdungsklemme) angeschlossen werden. Wenn es notwendig wird, ist nach Bild 534.9 der DIN VDE 0100-534 (2016-10) eine zusätzliche Schutzleiter- bzw. Erdungsschiene zur Haupterdungsschiene vorzusehen (siehe **Bild 3.12**).

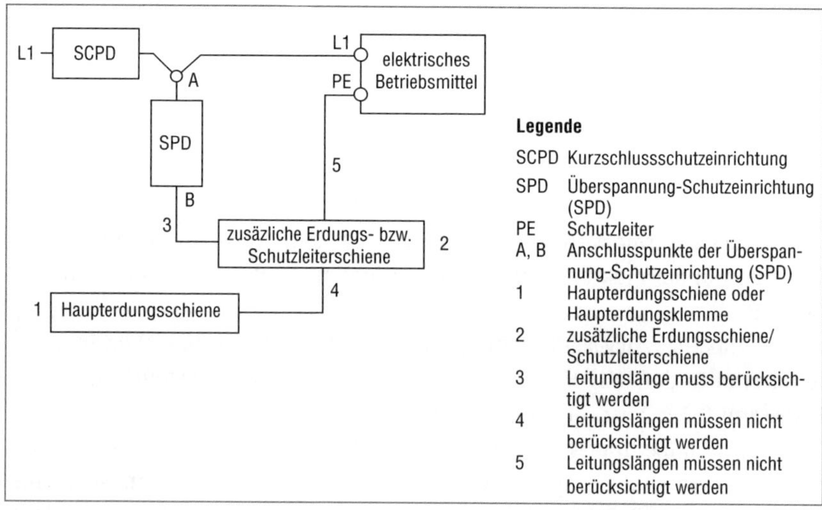

Bild 3.12 *Beispiel für den Anschluss von Überspannung-Schutzeinrichtungen (SPD) nach Bild 534.9 der DIN VDE 0100-534 (2016-10)*

Beträgt die Gesamtlänge der Anschlussleiter $l_1 + l_2 + l_3 > 0{,}5\,\text{m}$ muss eine der nachfolgenden Maßnahmen zur Verminderung des in der elektrischen Anlage tatsächlich wirksamen Überspannungspegels ergriffen und umgesetzt werden:

- Auswahl einer Überspannung-Schutzeinrichtung (SPD) mit niedrigerem Schutzpegel U_p. [Hier muss mit einem zusätzlichen induktiven Spannungsfall von ca. 1 kV pro Meter geradlinig verlegtem Leiter bei einem Impulsstrom von 10 kA (Wellenform 8/20 µs) gerechnet werden.]
  Hinweis
  Auch die durch zusätzliche Leiterimpedanzen erzeugten Spannungspegel dürfen insgesamt nicht dazu führen, dass die Bemessungs-Stoßspannungsfestigkeit der elektrischen Betriebsmittel überschritten wird.
- Errichtung einer weiteren energetisch koordinierten Überspannung-Schutzeinrichtung (SPD) in der räumlichen Nähe des zu schützenden elektrischen Betriebsmittels, um so die auftretende transiente Überspannung an die Bemessungs-Stoßspannungsfestigkeit des elektrischen Betriebsmittels anzugleichen.
- Anwendung der Verschaltung nach dem Bild 3.12, das die wesentlichen Vorgaben des Bildes 534.9 der DIN VDE 0100-534 (2016-10) darstellt und veranschaulicht [diese Verschaltung ist auch als die sogenannte V-Schaltung bekannt und war in vereinfachter Form auch schon in der Vorgängerausgabe der DIN VDE 0100-534 (2016-10) enthalten].

Abschnitt 534.4.9
Wirksamer Schutzbereich von Überspannungs-Schutzeinrichtungen (SPDs)

In diesem Abschnitt wird *ohne* verbindliche normative Anforderung der physikalische Sachverhalt der räumlich begrenzten Schutzwirkung von Überspannung-Schutzeinrichtungen (SPDs) beschrieben.

In der DIN VDE 0100-534 (2016-10) wird hier ein Wert von 10 m als Bewertungsgröße, ob zusätzliche Schutzbetrachtungen erforderlich sind, spezifiziert. Selbstverständlich ist dieser Wert als Richtgröße zu verstehen, da sich nach streng physikalischen Maßstäben eine so stark vereinfachte Betrachtung eigentlich verbietet. Zur praktischen Umsetzung wurde dieser Aspekt allerdings in Kauf genommen, da komplexere Berechnungsverfahren zur Abschätzung des Schadensrisikos bzw. der Höhe der transienten Überspannung in Anlagen, so wie dies in DIN EN 62305-4 (VDE 0185-305-4) beschrieben ist, meist nur von erfahrenen Spezialisten fachlich korrekt umsetzbar sind.

Um also die Anwendung in der Praxis zu erleichtern, wurde der seit einigen Jahren schon im normativen Bereich vorkommende Bezugswert (10 m), der auch durch praktische Erfahrungen der Normensetzer und durch Erfahrungswerte aus vielen Projekten gestützt wird, somit auch in die DIN VDE 0100-534 (2016-10) übernommen.

Sollte in der Praxis der wirksame Schutzbereich der Überspannung-Schutzeinrichtungen (SPDs) nicht eingehalten werden, was in den meisten größeren Anlagen der Fall sein wird, ist es möglich, die nachfolgenden Varianten anzuwenden, um einen vergleichbaren Schutzlevel zu erreichen:

- Errichtung einer oder mehrerer zusätzlicher Überspannung-Schutzeinrichtungen (SPD), räumlich so nah wie möglich am zu schützenden elektrischen Betriebsmittel. Der Schutzpegel dieser zusätzlichen Überspannung-Schutzeinrichtung (SPD) darf nicht die notwendige Bemessungs-Stoßspannung U_w des betreffenden elektrischen Betriebsmittels überschreiten.
- Die Planung und Realisierung von One-port-Überspannung-Schutzeinrichtungen am oder in der räumlichen Nähe des Speisepunkts der elektrischen Anlage, deren Schutzpegel in keinem Fall 50 % der notwendigen Bemessungs-Stoßspannung U_w des zu schützenden elektrischen Betriebsmittels überschreiten darf. Zusätzlich sind hier aber erweiterte Maßnahmen wie die Ausführung des Leitungsnetzes als geschirmtes System notwendig (durch den 50-%-Ansatz wird in Kombination mit einer Systemschirmung auch bei sehr großen Leitungsanlagen ein wirksamer Schutz gegen transiente Überspannungen erzielt).
- Planung und Realisierung von Two-port-Überspannung-Schutzeinrichtungen (SPDs) am oder in der Nähe des Speisepunkts der elektrischen Anlage, deren Schutzpegel in keinem Fall die notwendige Bemessungs-Stoßspannung U_w des zu schützenden elektrischen Betriebsmittels überschreiten dürfen. Zusätzlich sind hier aber erweiterte Maßnahmen wie die Ausführung des Leitungsnetzes als geschirmtes System notwendig (bei Verwendung einer Two-port-Überspannung-Schutzeinrichtung (SPD) entfällt der 50-%-Ansatz, da sich hier in der elektrischen Anlage praktisch automatisch ein wesentlich geringerer wirksamer Überspannungspegel ergibt).

Hinweis

Der in der Praxis relativ unbekannte Planungsansatz bezüglich der Durchführung von Schirmungsmaßnahmen bei der Kabel- und Leitungsinstallation ist ein sehr effektives und kostengünstiges Planungsinstrument, das bei Anlagen mit hohen oder sehr hohen Anlagenverfügbarkeitsanforderungen sehr gute Schutz-Eigenschaften aufweist.

Abschnitt 534.4.10
Anschlussleitungen von Überspannungs-Schutzeinrichtungen (SPDs)

In diesem Abschnitt der DIN VDE 0100-534 (2016-10) werden die Mindestquerschnitte für die Anschlussleiter zwischen den Überspannung-Schutzeinrichtungen (SPDs) und den Erdungs- bzw. Schutzleitern oder der PEN-Schiene aufgeführt, die aus Sicht der Normensetzer der DIN VDE 0100-534 (2016-10) in den meisten Praxisfällen ausreichend sind. Allerdings sind in jedem Einzelfall die Herstellervorgaben und die aus der Kurzschlussstromberechnung ermittelten Querschnitte für die konkrete Ausführung maßgeblich.

Folgende normative Mindestquerschnitte sind in der DIN VDE 0100-534 (2016-10) enthalten:

- 6-mm^2-Kupferleiter (oder andere Leiterwerkstoffe, leitwertgleich) als Mindestquerschnitte für die Anschlussleiter zwischen den Überspannung-Schutzeinrichtungen (SPD Typ 2) und dem Erdungs- bzw. Schutzleiter oder der PEN-Schiene. [Normativ soll dies nur für Überspannung-Schutzeinrichtungen (SPD Typ 2) in der räumlichen Nähe zum Speisepunkt der elektrischen Anlage gelten, vom Autor wird aber dringend eine allgemeine Anwendung empfohlen].
- 16-mm^2-Kupferleiter (oder andere Leiterwerkstoffe, leitwertgleich) als Mindestquerschnitte für die Anschlussleiter zwischen den Überspannung-Schutzeinrichtungen (SPD Typ 1) und der Erdungs- bzw. Schutzleiter- oder der PEN-Schiene. [Normativ soll dies nur für Überspannung-Schutzeinrichtungen (SPD Typ 1) in der räumlichen Nähe zum Speisepunkt der elektrischen Anlage gelten, vom Autor wird aber dringend eine allgemeine Anwendung empfohlen.]

Hinweis
In jedem Einzelfall sind die aus der Kurzschlussstromberechnung ermittelten Querschnitte und die Herstellervorgaben für die konkrete Ausführung maßgeblich.

Im zweiten Aufzählungsbereich des Abschnittes 534.4.10 der DIN VDE 0100-534 (2016-10), Anschlussleitungen von Überspannung-Schutzeinrichtungen (SPDs), wird auf einen Abschnitt aus der DIN VDE 0100-430 (VDE

0100-430):2010-10, 433.3.1 Punkt b) Bezug genommen, bei dem es um Kurzschlussschutz von elektrischen Leitern geht, bei denen *kein* Überlastzustand eintreten kann, wie dies z. B. auch bei Überspannung-Schutzeinrichtungen gegeben ist.

Hier werden normative Mindestquerschnitte für die Außenleiterquerschnitte vorgegeben, die allerdings, wie vorab schon aufgeführt, immer noch mit den Herstellervorgaben und den Ergebnissen der Kurzschlussstromberechnung abgeglichen werden müssen.

Vor einer pauschalen Übernahme der nachfolgenden Mindestquerschnitte (Außenleiter) kann nur gewarnt werden, da in vielen elektrischen Anlagen deutlich größere Außenleiterquerschnitte zum Anschluss der Überspannung-Schutzeinrichtungen notwendig werden:

- 2,5-mm²-Kupferleiter (oder andere Leiterwerkstoffe, leitwertgleich) als Mindestquerschnitte für die Anschlussleiter zwischen den Überspannung-Schutzeinrichtungen (SPD Typ 2) und den Kurzschluss-Schutzeinrichtungen.
- 6-mm²-Kupferleiter (oder andere Leiterwerkstoffe, leitwertgleich) als Mindestquerschnitte für die Anschlussleiter zwischen den Überspannung-Schutzeinrichtungen (SPD Typ 1) und den Kurzschluss-Schutzeinrichtungen.

Hinweis

In jedem Einzelfall sind die aus der Kurzschlussstromberechnung ermittelten Querschnitte und die Herstellervorgaben für die konkrete Ausführung maßgeblich.

In den **Bildern 3.13** bis **3.18** sind die in der Praxis am häufigsten vorkommenden Netzsysteme mit der zugehörigen normativen Anordnung der Überspannung-Schutzeinrichtungen dargestellt.

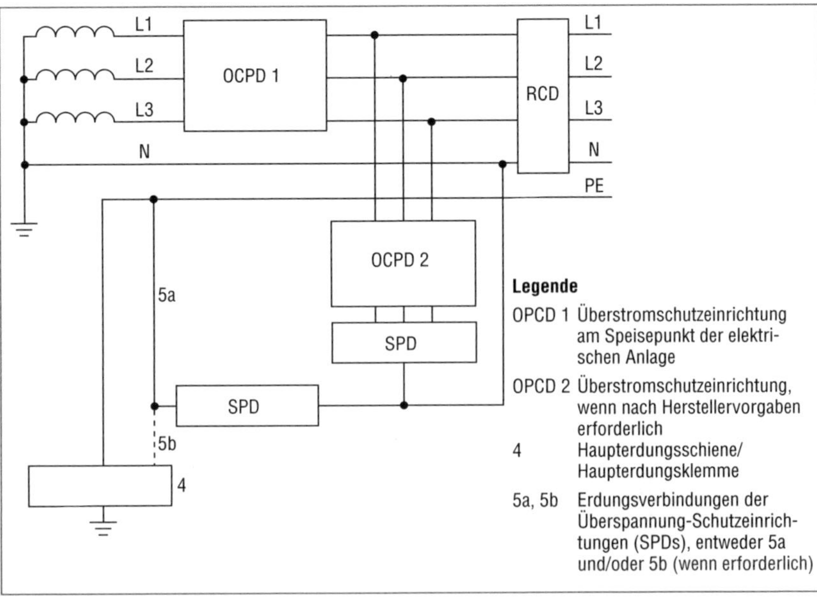

Bild 3.13 *Beispiel für die Errichtung von Überspannung-Schutzeinrichtungen (SPD) nach Bild A2 der DIN VDE 0100-534 (2016-10) in einem TT-System*

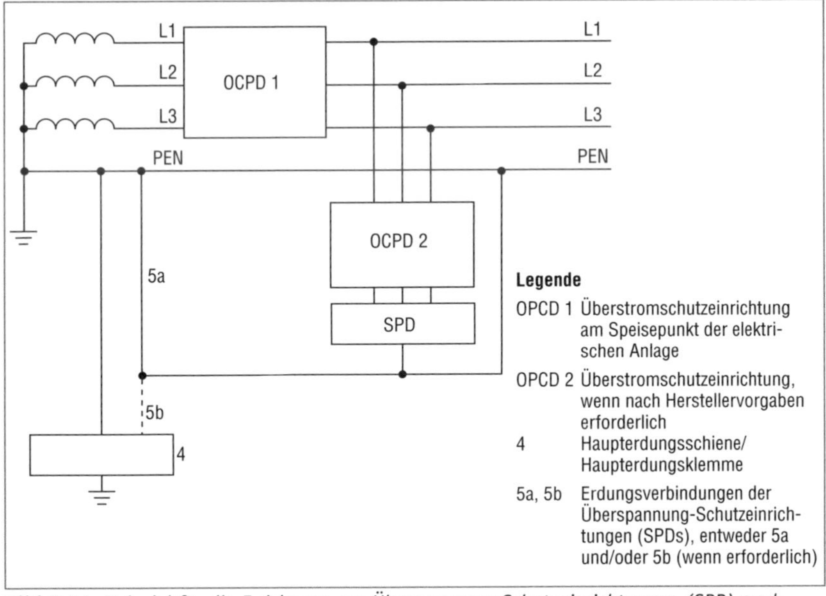

Bild 3.14 *Beispiel für die Errichtung von Überspannung-Schutzeinrichtungen (SPD) nach Bild A2 der DIN VDE 0100-534 (2016-10) in einem TN-C-System nach Anschlussschema 1*

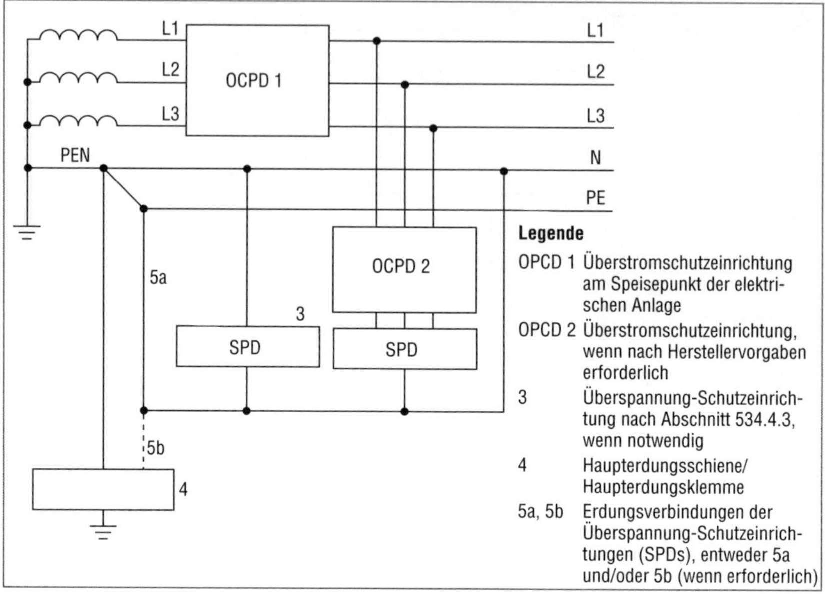

Bild 3.15 *Beispiel für die Errichtung von Überspannung-Schutzeinrichtungen (SPD) nach Bild A7 der DIN VDE 0100-534 (2016-10) in einem TN-C-S-System (Auftrennung PEN-Leiter in PE und N)*

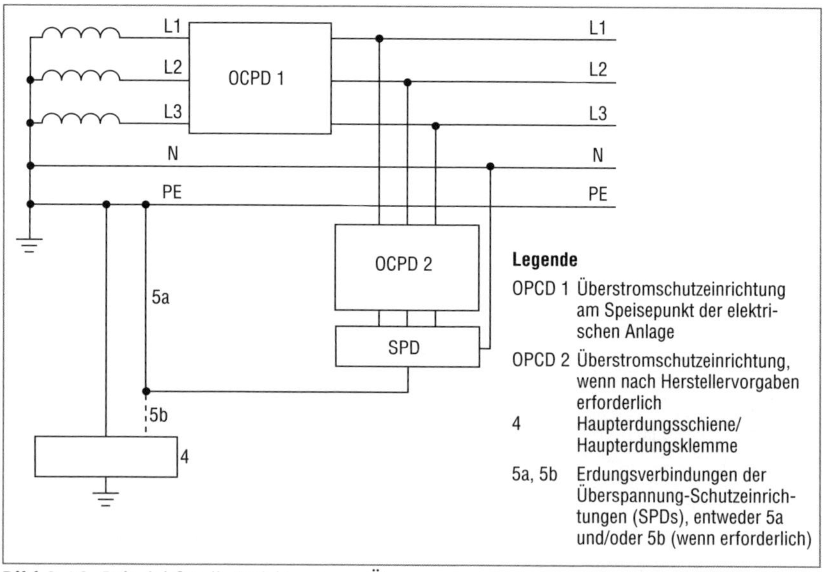

Bild 3.16 *Beispiel für die Errichtung von Überspannung-Schutzeinrichtungen (SPD) nach Bild A10 der DIN VDE 0100-534 (2016-10) in einem TN-S-System*

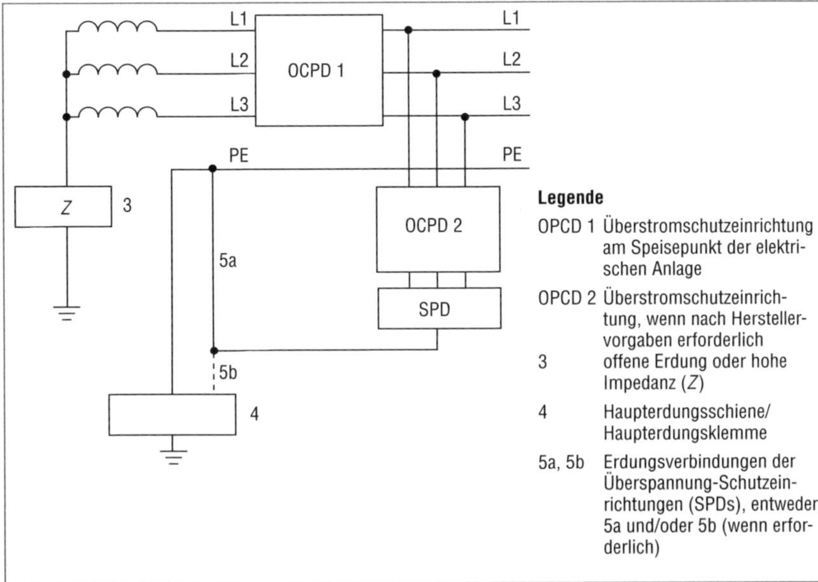

Bild 3.17 *Beispiel für die Errichtung von Überspannung-Schutzeinrichtungen (SPD) nach Bild A12 der DIN VDE 0100-534 (2016-10) in einem IT-System ohne Neutralleiter*

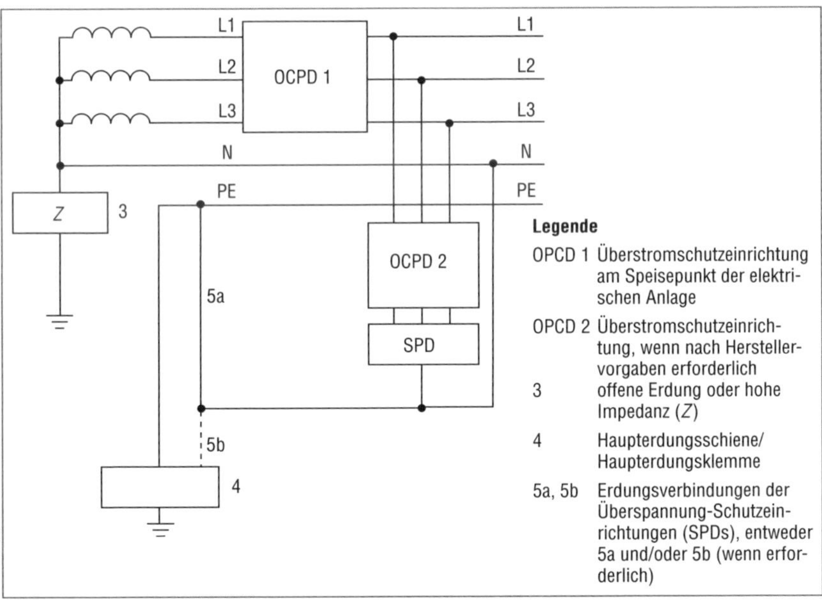

Bild 3.18 *Beispiel für die Errichtung von Überspannung-Schutzeinrichtungen (SPD) nach Bild A13 der DIN VDE 0100-534 (2016-10) in einem IT-System mit Neutralleiter*

Anhang B der DIN VDE 0100-534 (2016-10)

Im Anhang B, der in Deutschland normativen (verbindlichen) Status erhalten hat, ist folgende Anforderung enthalten:

In Fällen, in denen nach DIN VDE 0100-443 (2016-10) Überspannungsschutz notwendig ist, das Gebäude über eine Freileitungseinspeisung versorgt wird und der direkte Blitzeinschlag in den letzten Masten der Freileitung betrachtet wird, müssen Überspannung-Schutzeinrichtungen (SPDs) Typ 1 nach Tabelle B1 ausgewählt werden (siehe **Tabelle 3.5**).

Hinweis

Durch die nationale Anmerkung 1 und 2 der Norm muss dieser Sachverhalt in Deutschland immer berücksichtigt werden.

Anschluss	Ableitvermögen (I_{imp}) in kA			
	Einphasensystem		Dreiphasensystem	
	CT 1	CT 2	CT 1	CT 2
Außenleiter zu Neutralleiter	–	5,0	–	5,0
Außenleiter zu PE-Leiter	5,0	–	5,0	–
Neutralleiter zu PE-Leiter	5,0	10,0	5,0	20,0

Tabelle 3.5 *Auszug aus Tabelle B1 DIN VDE 0100-534 (2016-10)*

Nachfolgend sollen die beiden normativen „Anschlussarten/Anschlussschemas“ (CT – Connecting Type 1 und 2) in **Bild 3.19** und **3.20** nochmals dargestellt werden.

Anwendungsbereiche der beiden „Anschlussarten/Anschlussschemas“ (CT – Connecting Type 1 und 2) bei üblichen normativen Netzformen sind in **Tabelle 3.6** dargestellt.

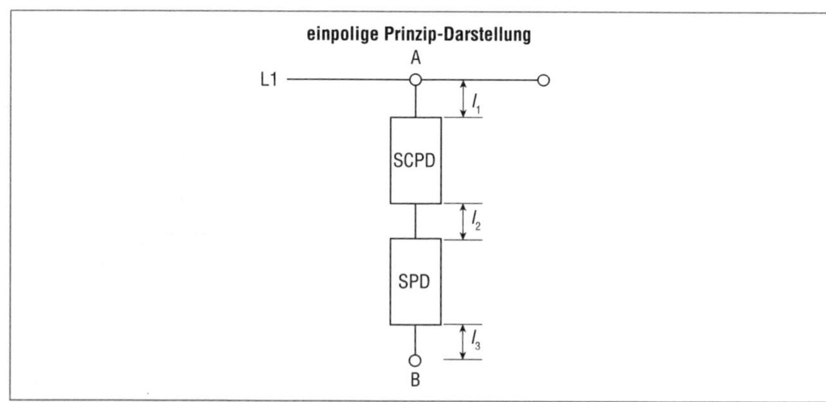

Bild 3.19 *Beispiel für die Errichtung von Überspannung-Schutzeinrichtungen (SPDs) in CT 1 (Connecting Type 1); für diese Variante sind zwei Untervarianten, 3+0 (TNC-Netz) und 4+0 (TNS-Netz), verfügbar.*

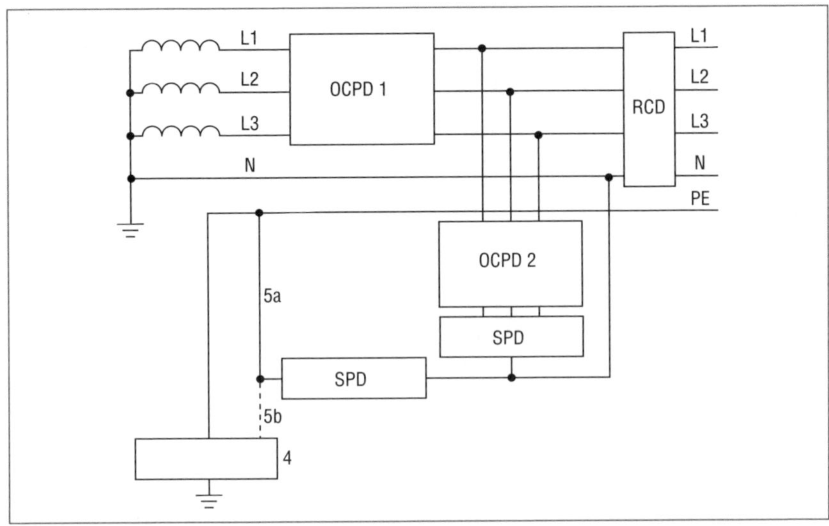

Bild 3.20 *Beispiel für die Errichtung von Überspannung-Schutzeinrichtungen (SPDs) in CT 2 (Connecting Type 2), diese Variante wird auch als 3+1-Schaltung bezeichnet.*

Netzform (System nach Art der Erdverbindung)	**Anschlussschema 1** CT 1 (CT-Connecting Type 1)	**Anschlussschema 2** CT 2 (CT-Connecting Type 2)
TNC-System TNS-System TNC-S-System	Anwendung zulässig	Anwendung zulässig
TT-System	Anwendung nicht zulässig	Anwendung zulässig
IT-System mit mitgeführtem Neutralleiter	Anwendung zulässig	Anwendung zulässig
IT-System ohne mitgeführtem Neutralleiter	Anwendung zulässig	nicht anwendbar

Tabelle 3.6 *Anwendung der Anschlussschemas 1 und 2 in Bezug auf die üblichen Netzformen*

Anhang C der DIN VDE 0100-534 (2016-10)

Im rein informativen Anhang C der DIN VDE 0100-534 (2016-10) werden die aus der Produktnorm für Überspannung-Schutzeinrichtungen (SPDs) übernommenen Prüfklassen und relevanten Referenzparameter aufgeführt (**Tabelle 3.7**).

SPD-Typ	Prüfklasse	Referenzparameter
Typ 1	1 (I)	I_{imp}
Typ 2	2 (II)	I_N
Typ 3	3 (III)	U_{OC}

Tabelle 3.7 *Auszug aus Tabelle C1 DIN VDE 0100-534 (2016-10)*

4 Erweiterte Grundlagen und spezielle Sachverhaltsbetrachtungen im Blitz- und Überspannungsschutz

In diesem Kapitel sollen erweiterte Betrachtungen und spezielle Anwendungsfälle für den Anwender in der Praxis aufbereitet und kommentiert werden.

Es wird versucht, eine Brücke zu den normativen Vorgaben und Anforderungen zu schlagen, um den Anwender auch eine konkrete Umsetzung in der Praxis zu ermöglichen.

Zusätzlich sollen dem Anwender die den Herstellern oder Normvorgaben zugrunde liegenden physikalischen und technischen Hintergründe in der Praxis aufgezeigt und verständlich vermittelt werden.

Deshalb wurde vom Autor versucht, die Fragen und Anwendungsprobleme, die ihm in seiner Tätigkeit als Sachverständiger für Elektrotechnik begegnet sind, in diesem Kapitel aus einer physikalischen und technischen Betrachtungsweise her aufzuzeigen, aber auch Lösungsansätze für die praktische Anwendung zu beschreiben.

Es ist dem Autor in der täglichen Praxis als Sachverständiger sehr häufig aufgefallen, dass oft selbst den Fachplanern das notwendige Wissen fehlt, um eine optimale „Fachplanung“ und „Ausführungs- und Umsetzungsüberwachung“ gewährleisten zu können.

Gerade diejenigen, die für „Ausführung“ und „Planung“ zuständig sind, sind allerdings für die technisch und normativ korrekte Umsetzung der notwendigen Blitz- und Überspannungsschutzmaßnahmen verantwortlich und nehmen so eine „Schlüsselposition“ im gesamten Prozess ein.

Somit soll dieses Kapitel zusammen mit den nachfolgenden Kapiteln die oft vorhandenen Wissenslücken schließen und selbstverständlich auch als technischer Hintergrund für die neuen normativen Anforderungen der DIN VDE 0100-443 (2016-10) und DIN VDE 0100-534 (2016-10) fungieren.

4.1 Genormte Störimpulse und Wellenformen

Die nachfolgend aufgeführten genormten Störimpulse und Wellenformen sollen in kurzen Zügen beschrieben und für die praktische Anwendung aufbereitet dargestellt werden.

Grundsätzlich werden Störgrößen im Blitz- und Überspannungsschutz, wie im **Bild 4.1** dargestellt, über die nachfolgend aufgeführten Parameter beschrieben und technisch klassifiziert.

Folgende Parameter sind für die Beschreibung einer Störgröße im Blitz- und Überspannungsschutz von grundsätzlicher Bedeutung:

- Der virtuelle Startpunkt der Störgröße O1, der nur zur theoretischen Bestimmung der beiden weiteren Punkte 10 % und 90 % und als zeitlicher Startpunkt dient.
- Der 10-%-Punkt der Störgrößenamplitude als *unterer Punkt* der Bemessungsgeraden. Letztere ist zwischen dem 10-%- und dem 90-%-Wert – die als theoretisch zu betrachtende Definitionspunkte angesehen werden – angeordnet.
- Der 90-%-Punkt der Störgrößenamplitude als *oberer Punkt* der Bemessungsgeraden.
- Die Spitzenamplitudenhöhe, im Bild 4.1 als I gekennzeichnet. Sie stellt den absolut höchsten Scheitelwert (Spitzenwert) der Störgröße dar.
- Den Zeitpunkt T_1, der wie in Bild 4.1 aufgeführt, den virtuellen Spitzenwert der Anstiegsflanke (Stirnzeit) zwischen O1 und der bis zur Amplitudenspitze verlängerten Geraden aus dem 10-%-Wert und dem 90-%-Wert beschreibt.
- Der Zeitpunkt T_2, der wie in Bild 4.1 aufgeführt, den virtuellen Spitzenwert der Rückflanke (Rückenhalbwertszeit) zwischen O1 und der 50-%-Größe vom maximalen Scheitelwert beschreibt.

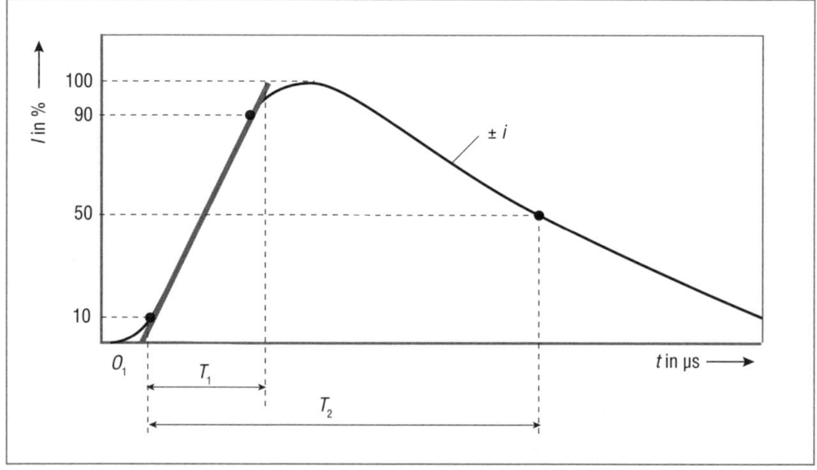

Bild 4.1 *Bewertungsansatz Störgrößen im Blitz- und Überspannungsschutz*

Mit der Kombination der vorab genannten Störgrößenparameter ist eine praktikable Beschreibung der Eigenschaften und Wirkgrößen des jeweiligen Störgrößenansatzes möglich, was wiederum die Grundlage für die richtige Betriebsmittel- und Schutzgeräteauswahl darstellt.

Bei der **Wellenform 1,2/50 µs** handelt es sich um den normativ definierten Prüfimpuls für die Störfestigkeitsprüfung nach den einschlägigen Geräteproduktnormen für elektrische Betriebs- und Arbeitsmittel. Ihm liegt eine Störgrößenbetrachtung aus dem Blitz- und Überspannungsschutz zugrunde. Dies lässt sich damit begründen, dass der hier angesetzte eingekoppelte Stör-größenimpuls (Spannungsimpuls) durch das elektromagnetische Feld des Blitzstromes beim nahen oder fernen Blitzeinschlag im Bereich der jeweils zu betrachtenden Gebäude eine Art Worst-Case-Szenario darstellt.

Beim Auftreten einer Belastung mit der **Wellenform 1,2/50 µs** (Spannungsimpuls) wird die sogenannte „Isolationskoordination" der elektrischen Betriebsmittel auf eine harte Probe gestellt, da ein Durchschlag der Luftstrecken im elektrischen Betriebsmittel in der Regel zur unweigerlichen Zerstörung des elektrischen Betriebsmittels oder zu schweren Schäden führen wird. Ist dieses Versagen der Isolationskoordination durch einen in der Amplitude zu hohen Störimpuls zu befürchten, sind, wie in DIN VDE 0100-443 (2016-10) vorgegeben, geeignete Maßnahmen [z. B. Beschaltung mit Überspannung-Schutzeinrichtungen (SPDs)] zu ergreifen.

Definition Isolationskoordination

Gegenseitige Abstimmung zwischen den Isolationsmerkmalen elektrischer Betriebsmittel, den erwarteten Überspannungen und den Eigenschaften von Überspannung-Schutzeinrichtungen einerseits und andererseits der erwarteten Mikroumgebung sowie Maßnahmen gegen Verschmutzung (Normenbezug Begriff 2.5.61 von IEC 60947-1:2007, modifiziert)

Im **Bild 4.2** wird der normativ definierte Prüfimpuls bzw. Störgrößenansatz der **Wellenform 1,2/50 µs** dargestellt.

Wenn nun durch den auftretenden Störgrößenansatz **Wellenform 1,2/50 µs** z. B. durch einen nahen Blitzeinschlag (Schadensart S2) die Isolationskoordination des elektrischen Betriebsmittels aufgrund der Überschreitung der Bemessungs-Stoßspannungsfestigkeit nicht mehr gegeben ist, kommt es zum Stromfluss über den dann entstehenden Lichtbogen. Dieser wird dann als Störgröße oder **Wellenform 8/20 µs** definiert.

Auch hier ist die Definition und die Beschreibung der wesentlichen Eigenschaften durch die Angabe der Wellenformgrößen möglich.

Das heißt vereinfacht dargestellt, dass der über den Lichtbogen zustande kommende Stromfluss bei der Einkoppelgröße eines Blitzimpulses nach dem Versagen der Maßnahmen zur Isolationskoordination des elektrischen Betriebsmittels als Störgröße oder **Wellenform 8/20 µs** definiert ist.

Im **Bild 4.3** ist die **Wellenform 8/20 µs** als Bewertungsansatz dargestellt.

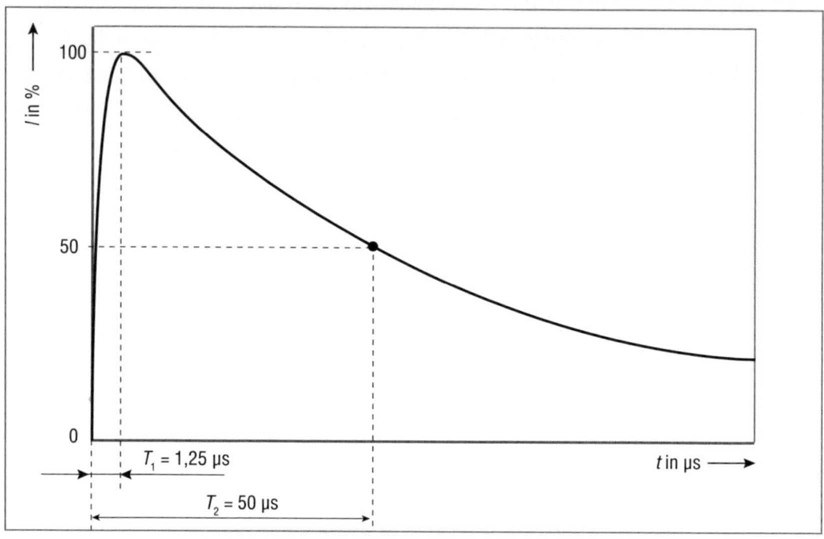

Bild 4.2 *Bewertungsansatz Wellenform 1,2/50 µs*

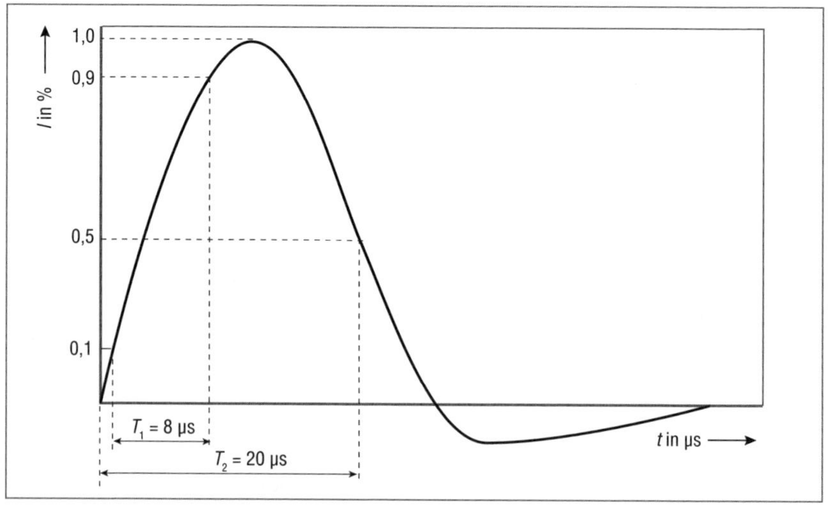

Bild 4.3 *Bewertungsansatz Wellenform 8/20 µs*

Im **Bild 4.4** wird der ferne Blitzeinschlag als eine typische Ursache (neben den Schaltüberspannungen und den nahen Blitzeinschlägen) für das Versagen der Isolationskoordination der elektrischen Betriebsmittel dargestellt, das dann in der Folge für das Entstehen eines Lichtbogenüberschlags und das Auftreten der **Wellenform 8/20 µs** als quasi indirekt eingekoppelte Größe verantwortlich zeichnet.

Somit lässt sich direkt eine physikalisch-technische Verknüpfung von der Entstehung einer natürlichen Blitzentladung zum mehr oder weniger häufig auftretenden Ausfall elektrischer Betriebsmittel durch das Versagen der Isolationskoordination herleiten, ohne dass hierzu ein direkter Blitzeinschlag in die bauliche Anlage notwendig ist. Hierdurch lässt sich auch der Kontext der normativen Vorgaben der DIN VDE 0100-443 (2016-10) und der DIN VDE 0100-534 (2016-10) aus fachlicher Sicht einordnen und technisch schlüssig begründen.

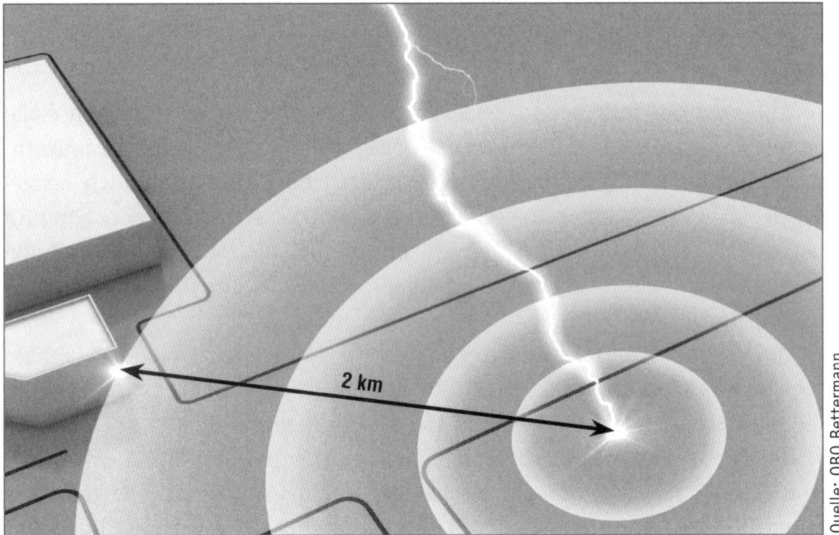

Bild 4.4 *Bewertungsansatz Wellenform 8/20 µs bei fernen Blitzeinschlägen*

Hinweis

Praktische Erfahrungen aus den letzten Jahrzehnten und einschlägige Untersuchungen bzw. Studien haben gezeigt, dass es bis ca. 2 km vom Ort des direkten Blitzeinschlages entfernt in elektrischen Anlagen oder hauptsächlich an elektrischen Betriebsmitteln zu Schäden bzw. kompletten Ausfällen kommen kann.

Diese 2 km Entfernung sind allerdings kein physikalisch *fester Wert*, sondern der Gefährdungsabstand hängt in der Praxis von einer Vielzahl von Parametern ab, die kaum verifizierbar sind. Auch aus diesem Grund stellt die DIN VDE 0100-443 (2016-10) die praktisch generelle normative Anforderung zum Einsatz von Überspannungsschutzmaßnahmen auf.

Zusätzlich ist der in der Praxis noch wesentlich häufiger vorkommende Ausfall der Isolationskoordination der elektrischen Betriebsmittel durch Schalthandlungen bei fachgerechter und vorausschauender Planung und Ausführung ebenfalls mit abgedeckt.

Sollte es aber trotzdem zu einem zugegeben sehr seltenen direkten Einschlag in das betreffende Gebäude oder die das Gebäude versorgende „Freileitung" kommen, wird neben der oben beschriebenen Störgrößen noch zusätzlich mit der **Wellenform 10/350 µs** zu rechnen sein.

Auch der *zweite Fall (direkter Einschlag in die Versorgungsleitung)* ist aber, wie vorab schon aufgeführt, durch den normativen Rahmen der DIN VDE 0100-443 (2016-10) und der DIN VDE 0100-534 (2016-10) abgedeckt.

Aufgrund des sehr hohen Risikos im Lebenszyklus einer baulichen Anlage mit Freileitungseinspeisung ein solches Szenario durchlaufen zu müssen, wurde in der DIN VDE 0100-534 (2016-10) normativ verbindlich festgeschrieben, dass in einer solchen Konstellation *zusätzlich* zu den ohnehin nach DIN VDE 0100-443 (2016-10) erforderlichen Überspannungsschutzmaßnahmen weitere geeignete Maßnahmen gegen direkte Einschläge zu treffen sind.

Um die physikalische und technische Notwendigkeit solcher Maßnahmen richtig einordnen und praktisch umsetzten zu können, ist es wichtig, die Eigenschaften der **Wellenform 10/350 µs** zu verstehen.

Bei der Wellenform 10/350 µs handelt es sich um den direkt galvanisch in die bauliche oder/und elektrische Anlage eingekoppelten Blitzstrom aus einer Blitzentladung, was natürlich eine wesentliche höhere potentielle Zerstörungskraft erwarten lässt.

Gegenüber der **Wellenform 8/20 µs** kommen bei der **Wellenform 10/350 µs** noch folgende ausgeprägte Wirkungen bei einem direkten Blitzeinschlag in die bauliche Anlage hinzu:

- wesentlich höhere thermische Belastung der vom Blitzstrom durchflossenen Leiter,
- weitaus höhere dynamische Kraftwirkungen auf die vom Blitzstrom durchflossenen Leiter,

- Überschläge auf elektrische oder metallische Systeme, zu denen der Trennungsabstand nicht eingehalten wurde,
- erhöhte Brandgefahr aufgrund der wesentlich höheren Ladungsträgerdichte,
- Gefahr durch Schritt- und Berührungsspannungen im Bereich des Spannungstrichters der Blitzeinschlagsstelle.

Im **Bild 4.5** ist die **Wellenform 10/350 µs** als Bewertungsansatz dargestellt.

Um den erheblichen Unterschied zwischen den beiden Störgrößen im Bereich der energetischen Wirkung anschaulich darzustellen, ist in **Bild 4.6** ein direkter Vergleich der beiden Störgrößen **Wellenform 8/20 µs** und **Wellenform 10/350 µs** aufgeführt.

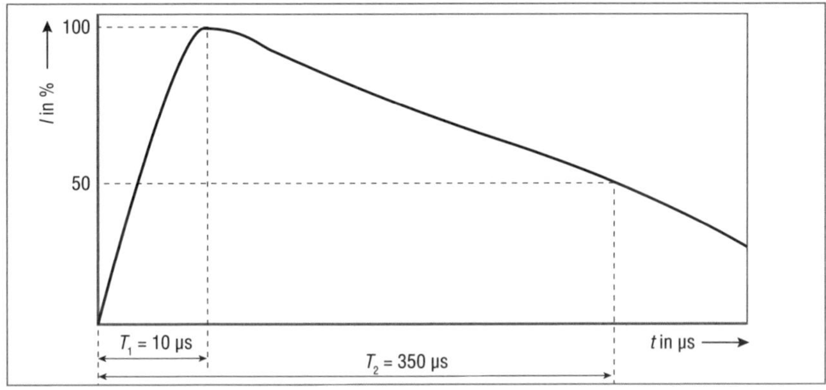

Bild 4.5 *Bewertungsansatz Wellenform 10/350 µs bei direkten Blitzeinschlägen*

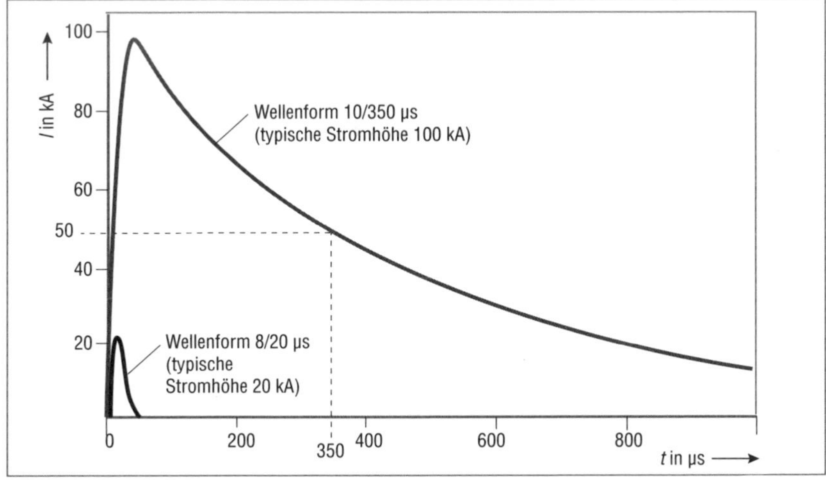

Bild 4.6 *Vergleichsansatz zwischen Wellenform 10/350 µs und Wellenform 8/20 µs*

Nach dem anschaulichen Vergleich der Wellenform 8/20 µs und 10/350 µs dürften die grundsätzlichen Unterschiede klar und eindeutig dargelegt sein, der Anwender muss nun unter Beachtung der normativen Anforderungen seine Rückschlüsse aus den vorab dargestellten Sachverhalten ziehen.

Im **Bild 4.7** wird nochmals der Sachverhalt der Einkopplung der Wellenform 8/20 µs in eine bauliche Anlage durch den direkten Einschlag (S1 – direkter Einschlag) und durch die Schadensart Naheinschlag (S2 – naher Einschlag) dargestellt.

Allerdings ist zur Erzeugung der Störgröße Wellenform 8/20 µs zuerst ein Überschreiten der Isolationskoordinationsanforderungen (Bemessungs-Stehstoßspannungsfestigkeit) des jeweiligen elektrischen Betriebsmittels notwendig, um die über den Lichtbogen fließende 8/20-µs-Stromkomponente erst zu ermöglichen.

Die in die dargestellte Leiterschleife eingekoppelte Spannung (Wellenform 1,2/50 µs) entspricht in erster Näherung der **Gleichung 4.1**:

$$U_{\text{ind}} = \frac{\mathrm{d}i}{\mathrm{d}t} \cdot M \qquad \text{Gleichung 4.1}$$

di Änderung der Stromkomponente (Wellenform 10/350 µs)

dt Änderung der Zeitkomponente

M Induktivität der Leiterschleife (Gegeninduktivität)

Ergänzend werden im **Bild 4.8** die drei am häufigsten wirkenden Leiterschleifenanordnungen dargestellt und mit den wichtigsten Unterscheidungsmerkmalen voneinander abgegrenzt.

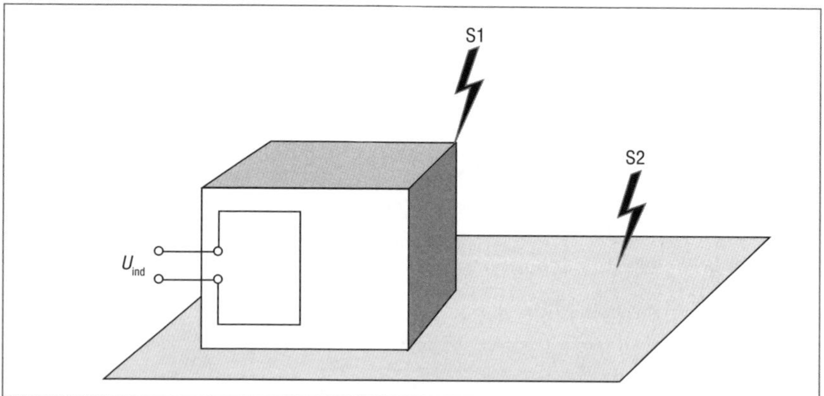

Bild 4.7 *Einkopplung der Wellenform 8/20 µs in eine bauliche Anlage*

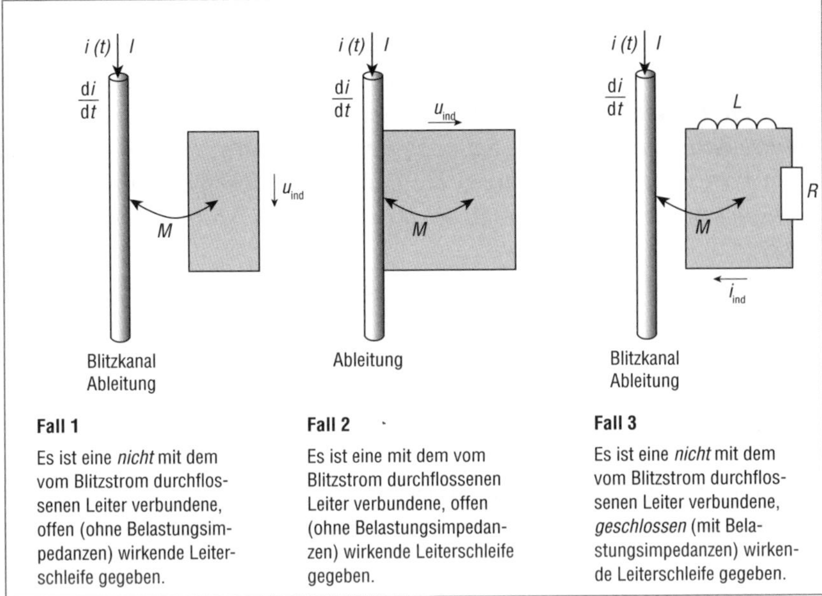

Bild 4.8 *Verschiedene Schleifenkonstellationen, die bei einer unter Bild 4.7 aufgeführten Konstellation wirksam werden können*

4.2 Spezielle Betrachtungen zu transienten Überspannungsgrößen, die aus Schalthandlungen resultieren

Aus rein statistischen Betrachtungen heraus ist der Ausfall eines elektrischen Betriebsmittels aufgrund der Überschreitung seiner Bemessungs-Stehstoßspannungsfestigkeit um den Faktor 2 bis 4 höher, je nachdem welche technische Konstellation und welches statistische Material zugrunde gelegt werden. Somit ist es aus wirtschaftlichen und auch aus sicherheitstechnischen Überlegungen heraus dringend notwendig, die transienten Überspannungsgrößen, die aus Schalthandlungen resultieren, normativ stärker in den Fokus zu rücken.

In der DIN VDE 0100-534 (2016-10) werden somit nun auch spezielle Aussagen zum Schutz von elektrischen Betriebsmitteln gegen „Schaltüberspannungen" getroffen.

Diese sollen im nachfolgenden Abschnitt für den Anwender zusammengefasst wiedergegeben werden.

Hierzu ein Auszug aus der DIN VDE 0100-534 (2016-10), Abschnitt 534.4.2, ANMERKUNG 1:
„Beispielsweise erfordert ein elektronisches Betriebsmittel der Schutzklasse I oder ein Betriebsmittel der Schutzklasse II mit Funktionserdungsleiter, sowohl Schutz bei Gleichtakt- als auch bei Gegentaktstörungen, um damit einen kompletten Schutz sowohl bei transienten Überspannungen infolge atmosphärischer Entladungen als auch bei Schaltüberspannungen sicherzustellen."

Auszug aus der DIN VDE 0100-534 (2016-10), Abschnitt 534.4.3, Anschlussschemata, ANMERKUNG 2:
„Das Anschlussschema 2 stellt einen kombinierten Schutz bei Gleichtaktstörungen und bei Gegentaktstörungen sicher."

Mit dem zusätzlichen Auszug aus der DIN VDE 0100-534 (2016-10), Abschnitt 534.4.3, Anschlussschemata, ANMERKUNG 2 wird somit physikalisch und technisch eine sehr einfache Lösung für die Realisierung des Schutzes gegen „Schaltüberspannungen" und natürlich auch gegen die aus der Blitzeinwirkung eingekoppelten transienten Überspannungs-Störgrößen definiert.

Die Anwendung des „Anschlussschemas 2" (CT 2), auch 3+1-Schaltung genannt, reduziert bei Gleichtaktstörungen und Gegentaktstörungen bei fachgerechter Planung und Ausführung die Gesamtstörgröße „transiente Überspannung" auf eine für die elektrischen Betriebsmittel akzeptable Größenordnung.

Hinweis
Natürlich ist ein wirksamer Schutz aller elektrischen Betriebsmittel noch von weiteren Faktoren, wie z. B. Netzform, Leitungslängen, Schutz aller zugeführten Medien usw. abhängig.

Allerdings kann der Anwender durch den Einsatz von Überspannung-Schutzeinrichtungen nach „Anschlussschema 2" (CT 2) einen wichtigen Beitrag zur Anlagenoptimierung in Bezug auf die Reduzierung der Gesamtstörgröße „transiente Überspannung" leisten.

Im **Bild 4.9** ist in allpoliger Darstellung die Anwendung des „Anschlussschemas 2" (CT 2) als 3+1-Schaltung dargestellt.

Soll allerdings ein kompletter Schutz gegen die Gesamtstörgröße „transiente Überspannung" für alle Betriebsmittel (auch in der Ebene nach der ortsfesten elektrischen Anlage) sichergestellt werden, ist dies nur durch ein konsequentes Beschalten aller zugeführten leitfähigen Medien (z. B. Ener-

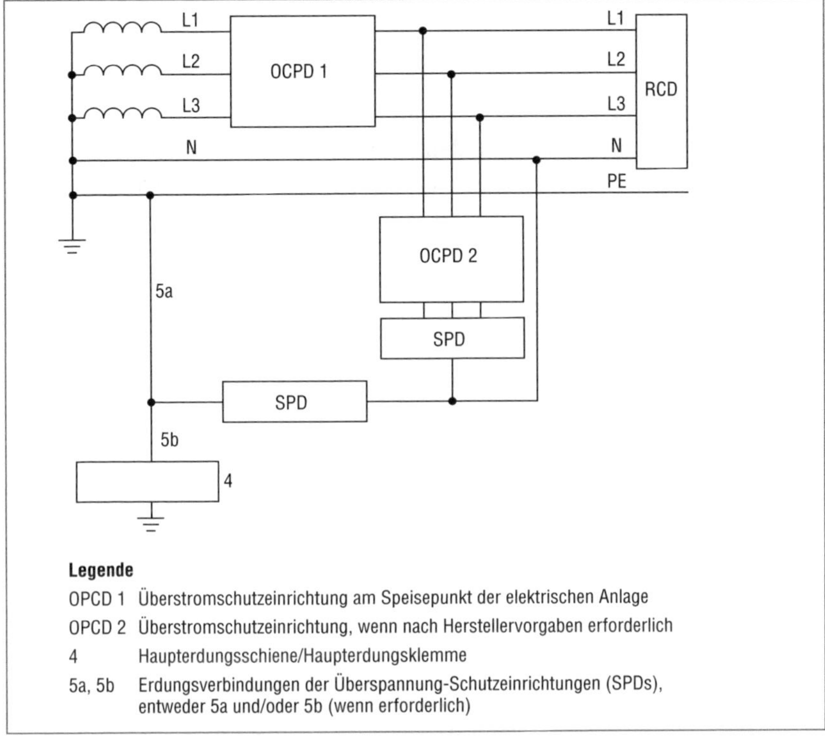

Bild 4.9 *Anwendung des „Anschlussschemas 2" (CT 2), auch 3+1-Schaltung genannt, im TN-S-System*

giezuführung, Informationstechnik usw.) mit Überspannung-Schutzeinrichtungen (SPDs) oder teilweise auch durch die Anwendung der Raumschirmungsgrundsätze möglich. Eine wie in der DIN VDE 0100-443 (2016-10) und DIN VDE 0100-534 (2016-10) auf Grundlage des Regelungsansatzes „Schutz der ortsfesten elektrischen Anlage" geplante und ausgeführte elektrische Anlage wird den kompletten Schutz gegen die Gesamtstörgröße „transiente Überspannung" für alle Betriebsmittel (auch in der Ebene nach der ortsfesten elektrischen Anlage") nicht leisten können.

Soll über den Mindestanforderungsansatz der DIN VDE 0100-443 (2016-10) und DIN VDE 0100-534 (2016-10) hinausgehend ein komplettes Schutzkonzept (LEMP) nach Teil 4 der Normenreihe DIN EN 62305 (VDE 0185-305) realisiert werden, so erfordert dies einen vorausschauenden Planungs- und Ausführungsansatz, was dann auch die Installation eines äußeren Blitzschutzsystems bedingt.

Um allerdings etwas mehr zu tun, als nur den Mindestanforderungsansatz der DIN VDE 0100-443 (2016-10) und DIN VDE 0100-534 (2016-10) umzusetzen, sind in Absprache mit dem Auftraggeber sicherlich weitere teilweise schon beschriebene Maßnahmen erforderlich.

Dies ist nicht nur in Bezug auf den optimierten Schutz gegen „Schaltüberspannungen" zu betrachten, sondern auch bei den nachfolgenden Punkten, bei denen in enger Abstimmung mit dem Auftraggeber zu planen, zu installieren und letztlich auch zu dokumentieren ist, wenn ein wirksamer Gesamtschutz mit vertretbarem Kostenansatz erreicht werden soll.

Folgende Punkte sind vom Mindestanforderungsansatz der DIN VDE 0100-443 (2016-10) und DIN VDE 0100-534 (2016-10) nicht abgedeckt:

- Die komplette informationstechnische Infrastruktur ist nicht verbindlich im Schutzumfang der DIN VDE 0100-443 (2016-10) und DIN VDE 0100-534 (2016-10) enthalten.
- Der Schutz bedeutender ortsveränderlicher elektrischer Betriebsmittel ist nicht im Schutzumfang der DIN VDE 0100-443 (2016-10) und DIN VDE 0100-534 (2016-10) enthalten, da die Normen der Normenreihe 0100 immer nur die ortsfeste Anlage verbindlich regulieren dürfen.
- Der Schutz gegen direkte Blitzeinwirkungen (Schadensart S1) ist nicht im Schutzumfang der DIN VDE 0100-443 (2016-10) und DIN VDE 0100-534 (2016-10) enthalten.
- Es sind keine Maßnahmen der Raumschirmung im Schutzumfang der DIN VDE 0100-443 (2016-10) und DIN VDE 0100-534 (2016-10) enthalten.

Wichtiger Hinweis

Bei Planung bzw. Ausführung entsteht hieraus ein Spannungsfeld der Erwartungen des Auftraggebers gegenüber dem Planer bzw. dem Ausführenden. Es darf deshalb von den Planern und Ausführenden nicht der Eindruck erweckt werden, dass durch die Umsetzung der Mindestanforderungen nach DIN VDE 0100-443 (2016-10) und DIN VDE 0100-534 (2016-10) ein vergleichbares Schutzkonzept wie bei der Realisierung einer kompletten Blitzschutzkonzeption nach der Normenreihe DIN EN 62305 (VDE 0185-305) erzielt werden kann.

Nach DIN VDE 0184 (2005-10) werden folgende grundsätzliche Ansätze in Bezug auf die Problematik der „Schaltüberspannung" definiert:

- Schaltüberspannungen können durch absichtliche oder unabsichtliche Handlungen hervorgerufen werden.

- Schaltüberspannungen können auch durch Handlungen des Energieversorgungsunternehmens (VNB) im Normal- und im Fehlerzustand hervorgerufen werden.
- In der Regel werden Schaltüberspannungen durch das Schalten von großen Lasten, Induktivitäten oder Kapazitäten hervorgerufen. Bei Netzkurzschlüssen bzw. Erdschlüssen wird regelmäßig eine transiente Überspannungsgröße erzeugt, die in ihrer Höhe häufig die Bemessungs-Stoßspannungsfestigkeit der elektrischen Betriebsmittel überschreitet.
- Die systemübergreifenden Überspannungen, die z. B. zwischen Niederspannungsanlagen und der informationstechnischen Anlage im normalen Betriebszustand entstehen können, sind, wie vorab beschrieben, meist gesondert zu betrachten.
- Dem Endkunden wird die Erfordernis von Überspannungsschutzmaßnahmen in der Regel erst nach einem kostenintensiven Ausfall bewusst, auch deshalb wurde dem Kunden diese Entscheidung mit der neuen DIN VDE 0100-443 (2016-10) praktisch abgenommen.

Dem Kunden und dem Planer oder Ausführenden bleibt aber immer noch die Entscheidung überlassen, ob er den Mindestanforderungsansatz der DIN VDE 0100-443 (2016-10) und DIN VDE 0100-534 (2016-10) überschreiten möchte oder eben nicht.

Im **Bild 4.10** wird die Entstehung von Schaltüberspannungen aufgezeigt.

Folgende Aspekte sind vorrangig für die Entstehung von Schaltüberspannungen relevant:

- Kurz- oder Erdschlussschalthandlungen im Nieder- oder Mittelspannungsnetz,
- Schalten von großen induktiven Lasten,
- Schalten von kapazitiven Lasten,
- schnelles Schalten großer Lasten,
- technische Defekte oder Schaltzeitabweichungen bei Schaltgeräten bzw. Schutzgeräten,

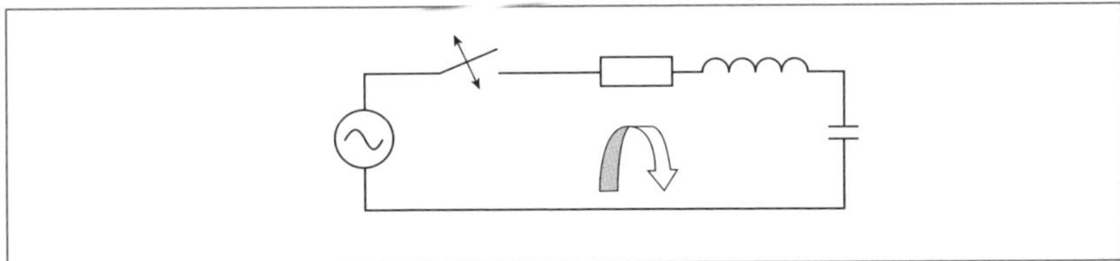

Bild 4.10 *Entstehung von Schaltüberspannungen*

- häufiges Schalten von nicht linearen Verbrauchern,
- hohe unsymmetrische Belastung in elektrischen Anlagen,
- das Installieren großer Leiterschleifen, vormals extrem problematisch bei Verbrauchern mit mehreren Medienzuleitungen, z. B. energie- und informationstechnische Netzanbindung,
- vorhandene Leitungsschirme sind nicht oder nur einseitig mit dem Funktionspotentialausgleich verbunden.

Im **Bild 4.11** ist ein Beispiel einer „Schaltüberspannung" aufgeführt, das eine Kurzschlussauslösung einer 100-A-NH00-gG-Schmelzsicherung in einer Industrieanlage beispielhaft darstellt.

Im Bild 4.11 ist eindeutig ein transienter Überspannungsimpuls von ca. 1,8 kV mit einer Zeitdauer von ca. 1,5 ms dargestellt, was nach den Erfahrungen bzw. praktisch durchgeführten Messungen des Autors durchaus reale Größenordnungen sind [zusätzlich wurde im Bild 4.11 noch der Kurzschlussstrom, der die 100-A-NH00-gG-Schmelzsicherung zur Kurzschlussauslösung gebracht hat (ca. 4.500 A), dargestellt].

Auch wenn die in Bild 4.11 aufgeführte Überspannungsgröße noch unterhalb der üblichen Bemessungs-Stoßspannungsfestigkeit (≥2,5 kV oder ≥4 kV) normaler elektrischer Betriebsmittel liegt, sind bei schon elektrotechnisch oder thermisch vorgeschädigten Betriebsmitteln Ausfälle, ausge-

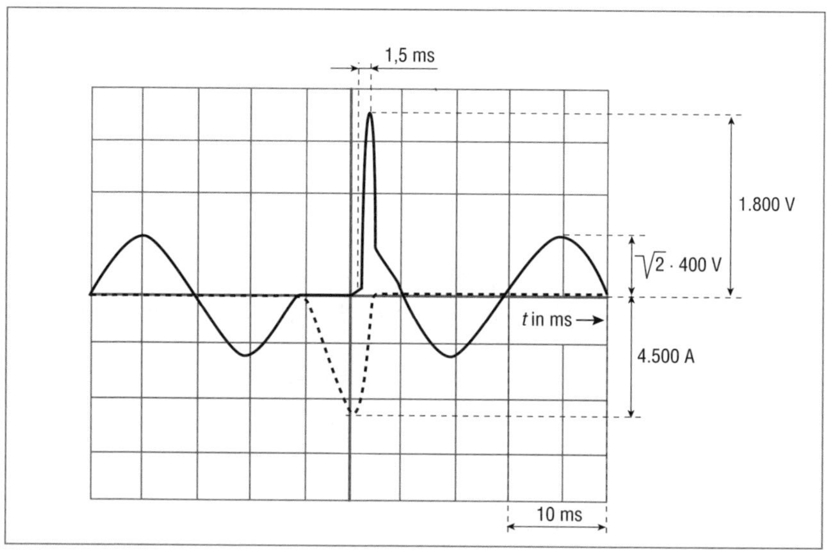

Bild 4.11 *Entstehung von Schaltüberspannungen, Beispiel Kurzschlussauslösung einer 100-A-NH00-gG-Schmelzsicherung*

löst durch solche transienten „Schaltüberspannungen", recht häufig beobachtet worden. Der Ausfall solcher elektrotechnisch oder thermisch vorgeschädigten Betriebsmittel bzw. derer elektrischer Isolation wird dann meist in der Praxis nicht weiter untersucht und wird vom Nutzer oder Betreiber nicht mit dem eigentlichen Auslöser des Schadensereignisses (z. B. Kurzschlussauslösung einer 100-A-NH00-gG-Schmelzsicherung) in Verbindung gebracht.

Hinweis
Die einschlägigen Normen für Schalt- und Schutzgeräte enthalten indirekt auch Vorgaben, um die transiente Überspannungsgröße beim Ansprechen bzw. Schalten der Schalt- und Schutzgeräte zu begrenzen. Dies ist aber natürlich nur für neue Schalt- und Schutzgeräte wirklich zu gewährleisten. Nach den Erfahrungen des Autors werden nach einigen Jahren Betriebszeit und dem damit oft verbundenen Verschleiß bei Schaltprozessen deutlich höhere Werte der „Schaltüberspannungen" auftreten.

Im **Bild 4.12** wurden über ein Jahr die Überspannungsereignisse an der Hauptsammelschiene in der Niederspannungshauptverteilung einer Industrieanlage (Verarbeitendes Gewerbe) gemessen. (Es wurden die Ereignisse pro Jahr und die Höhe der zugeordneten transienten Überspannungsereignisse grafisch dargestellt).

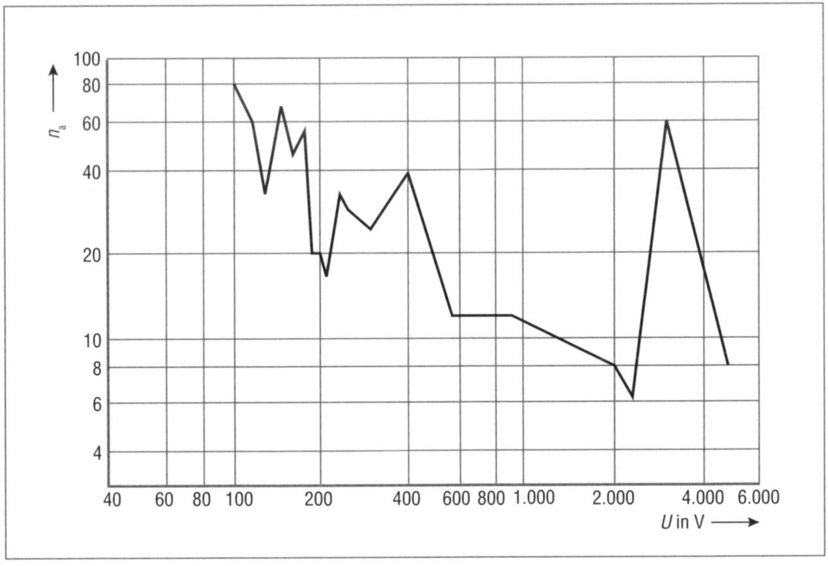

Bild 4.12 *Überspannungsereignisse in einer Industrieanlage (verarbeitendes Gewerbe)*

Deutlich ist zu erkennen, dass die Überspannungsereignisse unter 1.000 V wesentlich häufiger auftreten als die über 1.000 V. Allerdings traten durchaus sehr kritische Werte von einer Amplitudenhöhe größer 4 kV in einer Häufigkeit von zwanzig Ereignissen auf.

Die acht Ereignisse mit einer Amplitudenhöhe von 5 kV resultieren vermutlich vom Abschalten großer induktiver Lasten.

Hinweis
Die in Bild 4.12 aufgezeichneten Überspannungsereignisse wurden an der Hauptsammelschiene in der Niederspannungshauptverteilung gemessen. Die dort vorhandenen elektrischen Betriebsmittel haben eine Bemessungs-Stoßspannungsfestigkeit von 6 kV und sind deshalb durch die Amplitudenhöhe von 5 kV nicht unbedingt akut gefährdet.

Dies gilt natürlich nicht für die weiter unten in der elektrischen Anlage angeordneten elektrischen Betriebsmittel. Inwieweit dort Abschwächungseffekte der Amplitudenhöhe der transienten Überspannungsgrößen wirksam werden, hängt stark vom Anlagenaufbau und weiteren spezifischen Parametern ab, die in der Planungsphase kaum abschätzbar sind.

Fazit
Wie die Beispiele in den Bilder 4.11 und 4.12 gezeigt haben, ist es durchaus technisch sinnvoll, grundsätzlich in allen elektrischen Anlagen einen Schutz gegen transiente Überspannungsimpulse, die aus elektrischen Schalthandlungen oder Schalteffekten herrühren, vorzusehen, was ja nun auch mit der DIN VDE 0100-443 (2016-10) bzw. der DIN VDE 0100-534 (2016-10) erfolgt ist.

Dies ist besonders im Hinblick auf die zwangsläufige Alterung von Betriebsmitteln und der dadurch herabgesetzten Bemessungs-Stoßspannungsfestigkeit sowie den damit verbundenen Problemen beim Sicherstellen der Isolationskoordination von entscheidender Bedeutung.

4.3 Spezielle Betrachtungen zu Überspannungen durch Erdschlüsse an Hochspannungsanlagen

Der Themenkomplex bzw. die Betrachtung von Überspannungen durch Erdschlüsse in Hochspannungsanlagen (Mittelspannungsanlagen) obliegt eigentlich ausdrücklich nicht dem Regelungsansatz bzw. Regelungshintergrund der DIN VDE 0100-443 (2016-10) oder der DIN VDE 0100-534 (2016-10), sondern der DIN VDE 0100-442 (2013-06).

Es sollen aber trotzdem im Rahmen dieses Buches die grundlegenden Sachverhalte bzw. Unterschiede zur DIN VDE 0100-443 (2016-10) oder der DIN VDE 0100-534 (2016-10) herausgearbeitet und dem Leser näher gebracht werden, da sie auch bezüglich der Isolationskoordination von elektrischen Betriebsmitteln von entscheidender Bedeutung sein können.

Hinweis
Zusätzlich werden in DIN VDE 0100-442 (2013-06) die Auswirkungen von Fehlern (Sternpunktverschiebungen) beschrieben sowie ansatzwiese auch mögliche Gegenmaßnahmen aufgezeigt.

Der Titel dieser Norm lautet:
„Errichten von Niederspannungsanlagen – Teil 4-442: Schutzmaßnahmen – Schutz von Niederspannungsanlagen bei vorübergehenden Überspannungen infolge von Erdschlüssen im Hochspannungsnetz und bei Fehlern im Niederspannungsnetz.“

Von der DIN VDE 0100-442 (2013-06) werden folgende Anwendungsfälle bzw. Fehlersituationen beschrieben und teilweise auch normativ reguliert:

- Versehentliche Erdung eines aktiven Leiters im IT-System (nach Meinung des Autors ein sehr spezieller Sachverhalt und somit nur im sehr begrenzten Bereich von Bedeutung).
- Kurzschluss zwischen Neutralleiter und einem Außenleiter in TN- oder TT-Netzen.
- Eine Neutralleiterunterbrechung im Niederspannungsnetz (Sternpunktverschiebung).
- Ein Fehler (Erdschluss) im Hochspannungsnetz in der Trafostation, die die Niederspannungsanlage mit elektrischer Energie versorgt.

Auf die in dem letzten Fall relevante Gestaltung bzw. Auslegung der Erdungsanlage der Transformatorenstation geht die DIN EN 50522 (VDE 0101-2) sehr ausführlich ein.

Hinweis
Die hierzu relevanten Projektierungsansätze können im Rahmen dieses Buches nur ansatzweise an einigen typischen Beispielfällen dargestellt werden.

Die DIN VDE 0100-442 (2013-06) ist in den relevanten Abschnitten wie folgt aufgebaut:

- Fehler zwischen Hochspannungsnetz(en) und Erde (siehe Abschnitt 442.2),

- Unterbrechung des Neutralleiters im Niederspannungsnetz (siehe Abschnitt 442.3),
- unbeabsichtigtes Erden eines Niederspannung-IT-Systems (siehe Abschnitt 442.4),
- Kurzschluss in der Niederspannungsanlage (siehe Abschnitt 442.5).

Nachfolgend sollen hauptsächlich die Sachverhalte des Abschnittes „Fehler zwischen Hochspannungsnetz(en) und Erde“ (siehe Abschnitt 442.2) aufgezeigt werden.

Im Falle eines Erdschlusses auf der Hochspannungsseite in der Transformatorstation können folgende Arten von zeitlich länger andauernden Überspannungen in der Niederspannungsanlage auftreten bzw. zu beherrschen sein:

- betriebsfrequente Fehlerspannung U_f
- betriebsfrequente Beanspruchungsspannungen U_1 und U_2

Hinweis

Mit zeitlich länger andauernden Überspannungen sind Überspannungen im Bereich von 100 ms bis zu 5 s gemeint. Sie haben nichts mit den im Blitz- und Überspannungsschutz relevanten Störgrößen zu tun, die in der Regel wesentlich schneller verlaufen.

Im **Bild 4.13** sind die Verhältnisse in einem Niederspannung-TN-Netzsystem beim Erdschluss auf der Mittelspannungsseite dargestellt.

In diesem Beispiel ist, wie in den meisten Fällen in Gebieten mit geschlossener Bebauung (z. B. geschlossenes Wohngebiet), ein „Globales Erdungssystem“ wirksam.

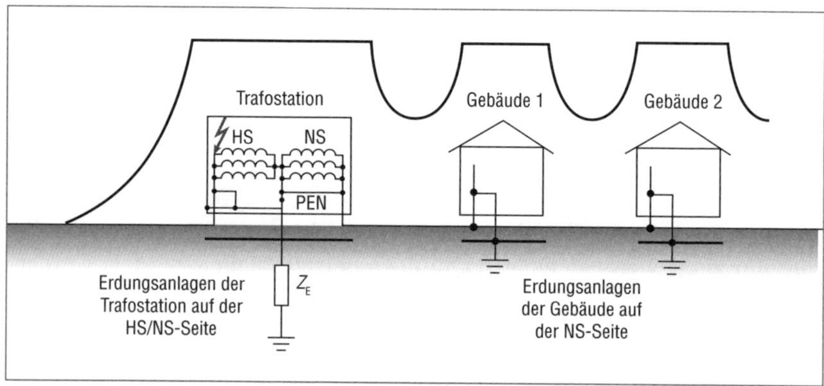

Bild 4.13 *Erdschluss auf der Mittelspannungsseite im TN-Netzsystem „Globales Erdungssystem“*

Wie aus Bild 4.13 ersichtlich sind hier die Nieder- und Mittelspannungsseite und die versorgten Gebäude mit ihren Erdungsanlagen (Fundamenterder) zu einem „Globalen Erdungssystem“ nach DIN EN 50522 (VDE 0101-2) verbunden.

Dies führt in der Praxis zu einer erheblichen Reduzierung der betriebsfrequenten Fehlerspannung U_f, die als Sicherheitskriterium von entscheidender Bedeutung für den Personenschutz bzw. Sachschutz anzusehen ist. Die üblich verwendete Methode ist die Verbindung der Erdungen untereinander. Die Hochspannungs- und Niederspannungserdungen müssen untereinander verbunden sein, wenn das Niederspannungsnetz sich insgesamt im Bereich der Hochspannungserdungsanlage befindet.

Hinweis
In einem „Globalen Erdungssystem“ nach DIN EN 50522 (VDE 0101-2) werden in der Regel unabhängig von der Sternpunktbehandlung des Hochspannungsnetzes (Mittelspannungsnetzes) die zulässigen Berührungsspannungen nach DIN EN 50522 (VDE 0101-2) eingehalten.

Sollte kein „Globales Erdungssystem“ nach DIN EN 50522 (VDE 0101-2) vorliegen, z. B. bei einzeln stehenden Gebäuden außerhalb der üblichen Bebauung oder bei neu erstellten Baugebieten ohne vorhandene geschlossene Bebauung, ist eine Erdungsanlage der Trafostation nach den nachfolgenden Grundsätzen zu erstellen.

Im **Bild 4.14** ist die nach DIN EN 50522 (VDE 0101-2) zulässige Berührungsspannung U_{TP} aufgeführt, die durch den Stromfluss (Spannungsfall) beim Erdschluss auf der Mittelspannungsseite über der Hochspannungs-Erdungsanlage oder der kombinierten Hoch- und Niederspannungserdungsanlage entsteht.

Folgende Bedingung muss gegeben sein:

Betriebsfrequente Fehlerspannung $U_f \leq$ zulässige Berührungsspannung U_{TP}

$$U_f \leq U_{TP}$$

Angenommen, es handelt sich um ein „Erdschluss-kompensiertes-Mittelspannungsnetz“ und vom Netzbetreiber wird ein Erdschlussreststrom (I_E) von 60 A angegeben und die Fehlerdauer ist mit größer 10 s anzusetzen, kann aus Bild 4.14 eine zulässige Berührungsspannung U_{TP} von 80 V abgelesen werden.

Somit kann mit nachfolgender **Gleichung 4.2** die maximal zulässige Erdungsanlagenimpedanz Z_E berechnet werden.

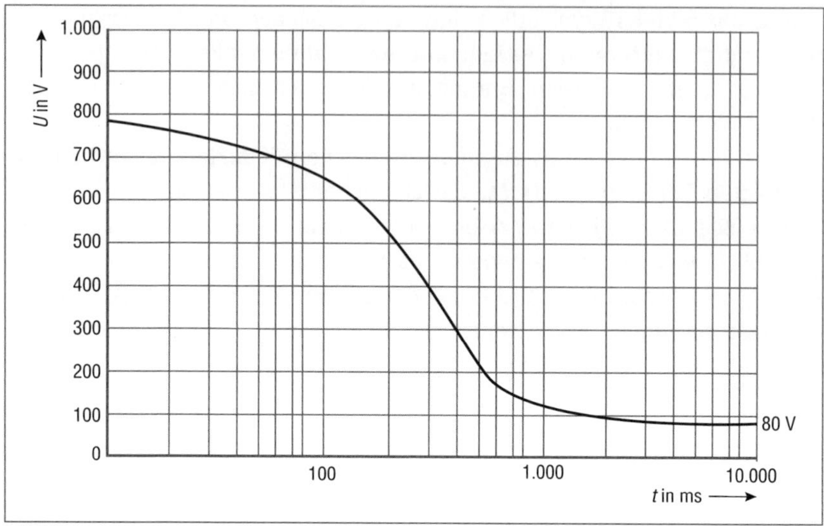

Bild 4.14 *Auszug aus Bild 4 der DIN EN 50522 (VDE 0101-2), zulässige Berührungsspannung*

$$Z_E \leq \frac{U_E}{I_E} \leq \frac{U_{TP}}{I_E} \qquad \text{Gleichung 4.2}$$

Berechnung des oben aufgeführten Praxisbeispiels:

$$Z_E \leq \frac{80\ \text{V}}{60\ \text{A}} \leq 1{,}3\ \Omega$$

Ergebnis

Der maximale Erdausbreitungswiderstand der Hochspannungs-Erdungsanlage ist mit 1,3 Ω definiert, um die Bedingung $U_f \leq U_{TP}$ einzuhalten.

Hinweis

Dieses einfach Beispiel sollte die Grundsätze der Berechnung der zulässige Berührungsspannung U_{TP} darstellen, die durch den Stromfluss (Spannungsfall) beim Erdschluss auf der Mittelspannungsseite über der Hochspannungs-Erdungsanlage oder der kombinierten Hoch- und Niederspannungs-Erdungsanlage entsteht.

Da sehr viele verschiedene Varianten und unterschiedliche Situationen im jeweiligen Einzelfall möglich sind, ist immer eine genaue Beurteilung des jeweiligen Sachverhaltes nach DIN EN 50522 (VDE 0101-2) und eine Abstimmung mit dem Netzbetreiber unabdingbar.

Bezüglich der Betrachtung der betriebsfrequenten Beanspruchungsspannungen U_1 und U_2 sind in DIN VDE 0100-442 (2013-06) Festlegungen nach Tabelle 44.A1 und Tabelle 44.A2 beinhaltet.

Ein Auszug aus Tabelle 44.A1 ist in **Tabelle 4.1** enthalten.

Die Grenzwerte der zugelassenen betriebsfrequenten Beanspruchungsspannung für die Betriebsmittel sind in der Tabelle 44.A2 der DIN VDE 0100-442 (2013-06) bzw. auszugsweise in der hier abgebildeten **Tabelle 4.2** enthalten.

System der Erdverbindung	Art der Erdverbindung	U_1 Spannungsbeanspruchung am Trafo	U_2 Spannungsbeanspruchung in der elektrischen Anlage
TN	R_E und R_B verbunden	U_0^*	U_0^*
	R_E und R_B getrennt	$R_E \cdot I_E + U_0$	U_0^*
TT	R_E und R_B verbunden	U_0^*	$R_E \cdot I_E + U_0$
	R_E und R_B getrennt	$R_E \cdot I_E + U_0$	U_0^*
U_0^* Es ist mit keiner relevanten Überspannung zu rechnen			

Tabelle 4.1 *Auszug aus Tabelle 44.A1 DIN VDE 0100-442 (2013-06)*

Dauer des Erdschlusses im Hochspannungsnetz	zugelassene betriebsfrequente Beanspruchungsspannung für die Betriebsmittel in der Niederspannungsanlage
> 5 s	U_0 + 250 V
≤ 5 s	U_0 + 1.200 V

Tabelle 4.2 *Auszug aus Tabelle 44.A2 DIN VDE 0100-442 (2013-06)*

Hinweis

Um die Anforderungen aus Tabelle 4.1 und 4.2 zu erfüllen, ist eine Koordinierung zwischen dem Netzbetreiber des Hochspannungsnetzes (Mittelspannungsnetzes) und dem Anlagenerrichter des Niederspannungsnetzes notwendig. Die Erfüllung der oben genannten Anforderungen fällt hauptsächlich unter die Verantwortung des Errichters/Eigners/Betreibers der Transformatorstation, der gleichfalls die Anforderungen der Norm DIN EN 50522 (VDE 0101-2) zu erfüllen hat. Deshalb ist üblicherweise die Berechnung von U_1, U_2 und U_f durch den Errichter des Niederspannungsnetzes nicht notwendig, sondern vom Betreiber bzw. dem Errichter der Transformatorstation in Abstimmung mit dem Netzbetreiber des Hochspannungsnetzes (Mittelspannungsnetzes) zu erbringen.

In dem **Bild 4.15** sind die Bedingungen aus Tabelle 4.1 bildlich dargestellt.

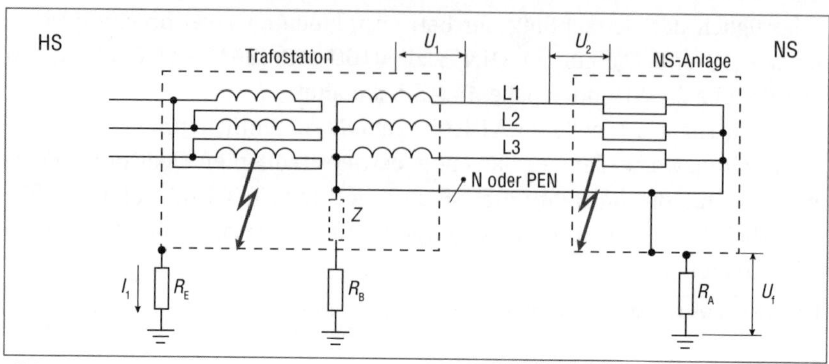

Bild 4.15 *Auszug aus Bild 44.A1 der DIN VDE 0100-442 (2013-06)*

Hinweis
Die im Bild 4.15 eingezeichnete Impedanz *Z* ist ausschließlich bei einem IT-System von Bedeutung.

Die Fehlerspannung kann mehrere tausend Volt betragen und kann, abhängig vom Erdungssystem der Niederspannungsanlage, Folgendes bewirken:

- Ein Anheben des Potentials der fremden leitfähigen Teile des Niederspannungsnetzes im Bezug zur Erde, was auch zu einem Anstieg der Fehler- und Berührungsspannung führen kann. Dieser Effekt kann eine unzulässig hohe Berührungsspannung für Menschen und Nutztiere bewirken.
- Ein Anheben des Potentials im Niederspannungsnetz im Bezug zur Erde, was zu einem Ausfall der elektrischen Betriebsmittel führen kann.

Üblicherweise dauert es länger als in einem Niederspannungsnetz, bis ein Fehler im Hochspannungsnetz erkannt und abgeschaltet wird, da zeitverzögerte Überwachungseinrichtungen zur Verhinderung einer unerwarteten Abschaltung bei Einschwingvorgängen eingesetzt werden. Die Fehler in Hochspannungsschaltanlagen dürfen auch länger anstehen als Fehler in Niederspannungsschaltanlagen. Dies bedeutet, dass die Fehlerspannung und die daraus resultierende Berührungsspannung an den fremden leitfähigen Teilen des Niederspannungsnetzes länger anstehen kann, als es nach den geforderten Abschaltzeiten für Niederspannungsanlagen nach DIN VDE 0100-410 (2007-06) zulässig wäre.

Abschnitt 442.3
Betriebsfrequente Beanspruchungsspannung im Falle eines Neutralleiterbruchs in einem TN- oder TT-System

Es ist zu berücksichtigen, dass der Neutralleiter – wird er in einem Mehrphasen-TN-System oder Mehrphasen-TT-System unterbrochen –, die Basisisolierung, aber auch die doppelte Isolierung und die verstärkte Isolierung, wie auch Bauteile, die für die Spannung zwischen Außenleiter und Neutralleiter bemessen sind, vorübergehend mit der Spannung zwischen den Außenleitern beansprucht werden können. Die Beanspruchungsspannung kann Werte bis zu $U = 1{,}732 \cdot U_0$ erreichen. Hieraus können Schäden durch Überlastung in Form einer erhöhten wirkenden Eingangsspannung die Folge sein. Dieser Effekt kann ausdrücklich *nicht* durch den Einsatz von Überspannung-Schutzeinrichtungen (SPDs) beherrscht werden.

Abschnitt 442.5
Betriebsfrequente Beanspruchungsspannung im Falle eines Kurzschlusses zwischen einem Außenleiter und dem PEN-Leiter oder dem Neutralleiter

Es ist zu berücksichtigen, dass die Spannung – tritt ein Kurzschluss in der Niederspannungsanlage zwischen einem Außenleiter und dem PEN-Leiter oder dem Neutralleiter auf –zwischen den anderen Außenleitern und dem Neutralleiter maximal den Wert von $1{,}45 \cdot U_0$ für eine Zeitdauer bis zu 5 s bzw. der Zeit der Kurzschlussabschaltung erreichen kann. Dieser Effekt kann ausdrücklich *nicht* durch den Einsatz von Überspannung-Schutzeinrichtungen (SPDs) beherrscht werden.

Wie im Anhang A Abschnitt A 442.2 der DIN VDE0100-420 (2013-06) aufgeführt, ist Folgendes bei Beurteilung der Werte der Fehlerspannung, die beim Erdschluss im Hochspannungsnetz entstehen, zu beachten:

- das geringe Risiko eines Erdfehlers im Hochspannungsnetz,
- die belegte Tatsache, dass die tatsächlich wirksame Berührungsspannung aufgrund des in DIN VDE 0100-410(VDE 0100-410):2007-06, 411.3.1.2 geforderten Schutzpotentialausgleichs über die Haupterdungsschiene und des Vorhandenseins zusätzlicher Erder und fremder leitfähiger Teile in der Kundenanlage immer niedriger ist als die Fehlerspannung.

4.4 Spezielle Betrachtungen zu TOV (Temporary Overvoltage) (temporäre, „zeitweise" Überspannung)

Ein Ableiter hat die Aufgabe, schnelle und kurzzeitig auftretende Überspannungen (Blitz- und Schaltüberspannungen) zu begrenzen.

Die Bezeichnung „temporäre Überspannung" oder kurz „TOV" ist hingegen den zeitlich begrenzten Spannungsüberhöhungen mit Nennfrequenz vorbehalten.

Diese können vom Überspannungsschutz aufgrund ihrer langen Zeitdauer nur bedingt begrenzt werden. Sie stellen jedoch für die Ableiter oft eine hohe Beanspruchung dar.

Die Anforderungen bezüglich der Festigkeit der Überspannung-Schutzeinrichtungen (SPDs) gegen temporäre Überspannung, z.B. durch einen Erdschluss im vorgelagerten Mittelspannungsnetz oder durch eine Neutralleiter-Unterbrechung (Sternpunktverschiebung), sind aus den Errichtungsnormen heraus in die Produktnormen der Hersteller überführt worden.

In DIN EN 61643-11 (VDE 0675-6-11) sind diese Anforderungen in Anhang B definiert (siehe **Tabelle 4.3**).

Netzform	Fehlerzeit	
	≤ 5 s	≤ 120 min
TN L-(PE) N	$1{,}32 \cdot U_{REF}$	$1{,}732 \cdot U_{REF}$
TT L-PE	$1{,}732 \cdot U_{REF}$	$1{,}32 \cdot U_{REF}$
TT L-N	$1{,}32 \cdot U_{REF}$	$1{,}732 \cdot U_{REF}$
IT L-N	$1{,}32 \cdot U_{REF}$	$1{,}732 \cdot U_{REF}$

Tabelle 4.3 *Auszug aus Tabelle B1 DIN EN 61643-11 (VDE 0675-6-11), TOV-Prüfwerte von SPD*

Referenzprüfspannung U_{REF}

Effektivwert der Spannung für die Prüfung, die vom Schutzpfad des SPDs, der Nennspannung, der Netzkonfiguration und den Toleranzen der Spannungsregulierung im elektrischen System abhängt.

Die Referenzprüfspannung U_{REF} ist abhängig von der vorgesehenen Anwendung des SPDs in einem Niederspannungssystem entsprechend der Einbauanleitung des Herstellers:

- Art des Niederspannungssystems (TN-,TT-, IT-System),
- vorgeschriebenes Anschlussschema (Leiter-Neutral, Leiter-Erde, Neutral-Erde, Leiter-Leiter),

- Nennspannung des Niederspannungssystems und maximale Spannungstoleranz.

Hinweis
Tabelle 4.3 enthält ausschließlich Anforderungen für Niederspannungssysteme. Mindestanforderung für die Ableiter sind primär, dass bei einer Belastung mit TOV keine Brandgefahr vom Gerät ausgehen darf (sogenannte TOV-Sicherheit). DIN EN 61643-11 (VDE 0675-6-11) verlangt deshalb die Einhaltung der TOV-Festigkeit und den vollständigen Funktionserhalt der Überspannungsschutzgeräte.
Ursache für derartige TOV können verschiedene Fehlerzustände in und außerhalb der Niederspannungsverbraucheranlage eines Gebäudes sein:

- Erdfehler auf der Hochspannungsseite,
- Neutralleiterunterbrechung oder PEN-Leiterunterbrechung.

4.5 Spezielle Betrachtungen zur Störungsbeherrschung von Energie und informationstechnischen Stromkreisen

Auch wenn die Installations- und Planungsvorgaben der DIN EN 50174-2 (VDE 0800-174-2) eigentlich nichts mit dem Schutz gegen transiente Überspannungsgrößen zu tun haben, ist die Beachtung dieser Planungs- und Installationsanforderungen von wichtiger Bedeutung zur Planung und Installation einer störungsfreien elektrischen und informationstechnischen Anlage. Der Titel der DIN EN 50174-2 (VDE 0800-174-2) beschreibt auch sehr konkret deren Regelungsansatz:
„Informationstechnik – Installation von Kommunikationsverkabelung – Teil 2: Installationsplanung und Installationspraktiken in Gebäuden.“

Bei Beachtung der nachfolgenden Anforderung an Planung und Installation nach DIN EN 50174-2 (VDE 0800-174-2) wird die Störbeeinflussung auf die Maßnahmen der Isolationskoordination der informationstechnischen Betriebsmittel erheblich vermindert.

Ein wichtiger Punkt dabei ist nach der DIN EN 50174-2 (VDE 0800-174-2) die Schirmwirkung von Kabel- und Leitungsverlegesystemen (**Bild 4.16**).

Wenn die Verkabelung in Übereinstimmung mit der Normenreihe EN 50174 installiert wird, kann das Kabelführungssystem zur Verminderung der elektromagnetischen Störungen positiv beitragen:

- durch eine Abschirmwirkung auf die Stromkreise innerhalb des vorhandenen Kabelführungssystems,
- durch Verbessern der EMV-Verträglichkeit der im Kabelführungssystem zusammen untergebrachten Stromkreise,
- durch Vermindern der Störungen, die von vagabundierenden Strömen, die durch das Kabelführungssystem fließen, auf die darin enthaltenen Stromkreise übertragen werden.

Im **Bild 4.17** sind die möglichen Varianten der mechanischen Kopplung bzw. der elektrotechnischen Verbindung von Kabel- und Leitungsführungssystemen aufgeführt.

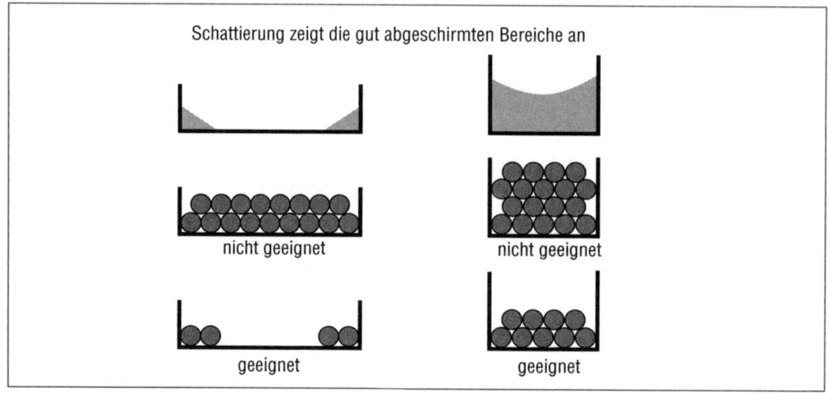

Bild 4.16 *Schirmwirkung von Kabel- und Leitungsverlegesystemen*

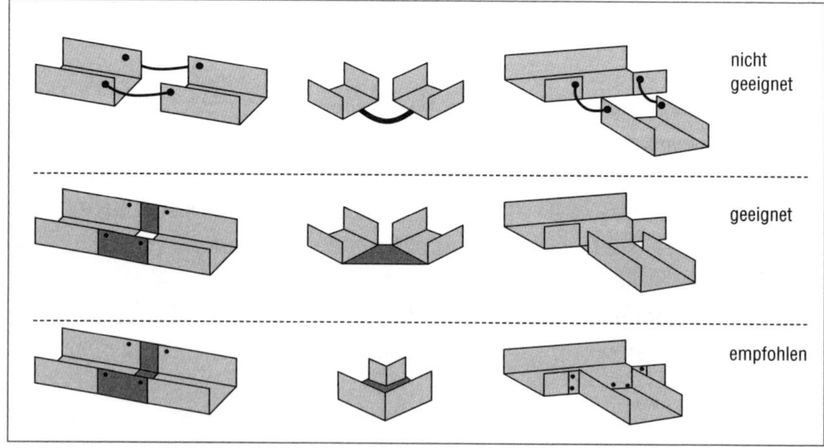

Bild 4.17 *Varianten der mechanischen Kopplung bzw. elektrischen Verbindung von Kabel- und Leitungsverlegesystemen*

Wichtige Grundregeln sind des Weiteren:

- Die geometrische Form eines metallenen Abschnittes sollte über seine gesamte Länge beibehalten werden.
- Wenn das Kabelführungssystem aus mehreren Teilstücken zusammengebaut wird, sollte für den unterbrechungsfreien Verlauf zwischen diesen Abschnitten gesorgt werden. Alternativ ist eine Verbindung mittels geflochtener oder verseilter Bänder von weniger als 10 cm Länge zulässig, wobei die Querschnittsfläche jedes Bandes mindestens 2,5 mm^2 betragen muss.
- Elektroinstallationskanäle und Kabelwannen sollten mit Deckeln verwendet werden. Es sollte für Unterbrechungsfreiheit zwischen Grundkörper und Deckel gesorgt werden, z. B. durch viele Kontakte über die Gesamtlänge und mindestens Verbindungen an beiden Enden mittels geflochtener oder verseilter Bänder von weniger als 10 cm Länge, wobei die Querschnittsfläche jedes Bandes mindestens 2,5 mm^2 betragen muss.
- Alle Verbindungen müssen so kurz wie möglich sein.
- Das möglichst häufige niederimpedante Verbinden der Kabel- und Leitungsführungssysteme, z. B. alle 15 m bis 20 m mit der Erdungsanlage, erhöht die Schirmwirkung beträchtlich.

Zusätzlich zur Schirmwirkung der Kabel- und Leitungsführungssysteme ist selbstverständlich der eigentliche Kabel- bzw. Leitungsschirm von entscheidender Bedeutung.

Folgende grundsätzliche Punkte sollten zur optimalen Wirkung des Kabel- bzw. Leitungsschirms unbedingt umgesetzt werden:

- Der Schirm muss vom Sender zum Empfänger durchgängig leitfähig vorhanden sein. Die Installationsplanung muss die Wirkung berücksichtigen, die das Erden des Verkabelungsschirms auf das elektromagnetische Leistungsvermögen der geschirmten Verkabelung hat.

Unabhängig vom Erden zum Zweck der Sicherheit gilt:

- Wo der Schirm nur an einem Ende geerdet wird, hängt die Schirmwirkung bei niederfrequenten elektrischen Feldern vom Leistungsvermögen des Kabelschirmes ab.
- Zusätzliche Schirmwirkung gegen hochfrequente elektromagnetische Felder wird erzielt, wenn der Schirm an beiden Enden geerdet wird.
- Die Schirmkontaktierung muss dauerhaft kontaktsicher und mit einer 360°-Kontaktierung realisiert werden.
- Die Herstellervorgaben der Betriebsmittelhersteller sind verbindlich einzuhalten.

Hinweis
Ausschließlich der beidseitig aufgelegte Schirm erzielt eine akzeptable abschirmende Wirkung gegen die induktiv eingekoppelten Störgrößen im Bereich des Blitz- und Überspannungsschutzes.

Zusätzlich wird in DIN EN 50174-2 (VDE 0800-174-2) das Folgende bezüglich der der Planung, Auswahl und Errichtung von Überspannung-Schutzeinrichtungen (SPDs) zur Überprüfung durch den Planer, Errichter oder Prüfer gefordert.

Für die Auswahl der Überspannungsschutzgeräte sind folgende Dinge zu beachten:

- Blitzschutzzonen des Standortes,
- Energiemenge (Spannung, Strom, Dauer), die abzuleiten ist,
- Anordnung der Überspannungsschutzgeräte,
- zulässige Größe der Störung (Spannung, Strom, Dauer) an der Schnittstelle (dem Anschluss) des Gerätes,
- Schutz gegen Spannungsstöße durch Gegentakt- und/oder Gleichtaktstörungen,
- Art des übertragenen Signals,
- Werte der Leckströme oder der Streukapazitäten,
- Antwortzeit, Haltespannung.

Die in **Tabelle 4.4** bis **4.6** aufgeführten Anforderungen sind bezüglich der Trennung von informationstechnischen Stromkreisen und Energiestromkreisen nach DIN EN 50174-2 (VDE 0800-174-2) verbindlich zu beachten.

Klassifizierung von informationstechnischen Kabeln		
Kopplungsdämpfung 30 MHz ... 100 MHz	**Trennklasse**	
≥ 80 dB	d	entspricht Kat. 7 nach EN 50173
≥ 55 dB	c	entspricht Kat. 5 und 6 nach EN 50173
≥ 40 dB	b	entspricht Kat. 5 und 6 nach EN 50173
≤ 40 dB	a	ungeschirmte Kabel /Leitungen

Tabelle 4.4 *Auszug aus Tabelle 3 DIN EN 50174-2 (VDE 0800-174-2)*

Trennklasse	Mindesttrennabstände *S* in mm			
	keine EMV-Trennung	offener metallener Kabelkanal	Lochblech-Kabelkanal	massiver Kabelkanal
d	10	8	5	0
c	50	38	25	0
b	100	75	50	0
a	300	225	150	0

Tabelle 4.5 *Auszug aus Tabelle 4 DIN EN 50174-2 (VDE 0800-174-2)*

Art der Stromkreise	Anzahl der Stromkreise	Faktor *P* für die Stromversorgungsverkabelung
20-A-Stromkreise (einphasig) *Hinweis* Dreiphasige Kabel müssen als drei einphasige Kabel gerechnet werden. Belastungen über 20 A müssen als Vielfaches von 20 A berücksichtigt werden.	1 ... 3	0,2
	4 ... 6	0,4
	7 ... 9	0,6
	10 ... 12	0,8
	13 ... 15	1,0
	16 ... 30	2,0
	31 ... 45	3,0
	46 ... 60	4,0
	61 ... 75	5,0
	≥ 75	6,0

Tabelle 4.6 *Auszug aus Tabelle 5 DIN EN 50174-2 (VDE 0800-174-2)*

Im Ergebnis der Festlegungen der Tabellen 4.4 bis 4.6 wird dann mit nachfolgender **Gleichung 4.3** der Trennabstand zwischen informationstechnischen Stromkreisen und Energiestromkreisen berechnet.

$$A = S \cdot P \qquad \text{Gleichung 4.3}$$

A Trennabstand in mm
S Mindesttrennabstand in mm
P Faktor für Stromversorgung

Zusätzlich zu den vorangegangenen Anforderungen ist zur Optimierung der Störfestigkeit der elektrischen Anlage natürlich ein möglichst fremdspannungsarmer Potentialausgleich durch ein TN-S-System anzustreben.

Im **Bild 4.18** wird der Sachverhalt des fremdspannungsarmen Potentialausgleichs dargestellt.

Als Resultat der vorab beschriebenen Maßnahmen ergibt sich ein sogenannter EMV-Potentialausgleich, der als eine extrem wirkungsvolle Maßnahme gegen EMV-Störungen, zu denen ja auch die Blitzüberspannungsgrößen gehören, bezeichnet werden kann.

Im **Bild 4.19** ist der resultierende EMV-Potentialausgleich symbolisch dargestellt.

PE
N
L
Betriebsmittel 1
ΔU
Datensignaleitung
Betriebsmittel 2
TN-S-System
L
PEN
Betriebsmittel 1
hoher
Schirmstrom
ΔU
Datensignaleitung
Betriebsmittel 2
TN-C-S-System

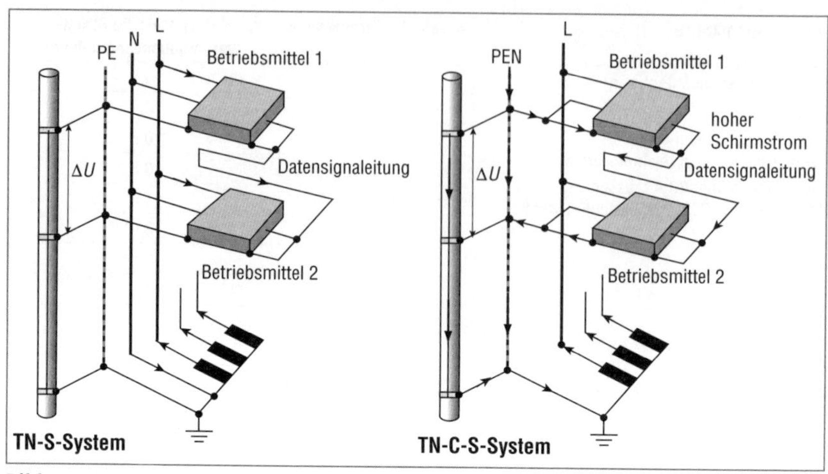

Bild 4.18 *Fremdspannungsarmer Potentialausgleich, Vergleich TN-S- und TN-C-S-System*

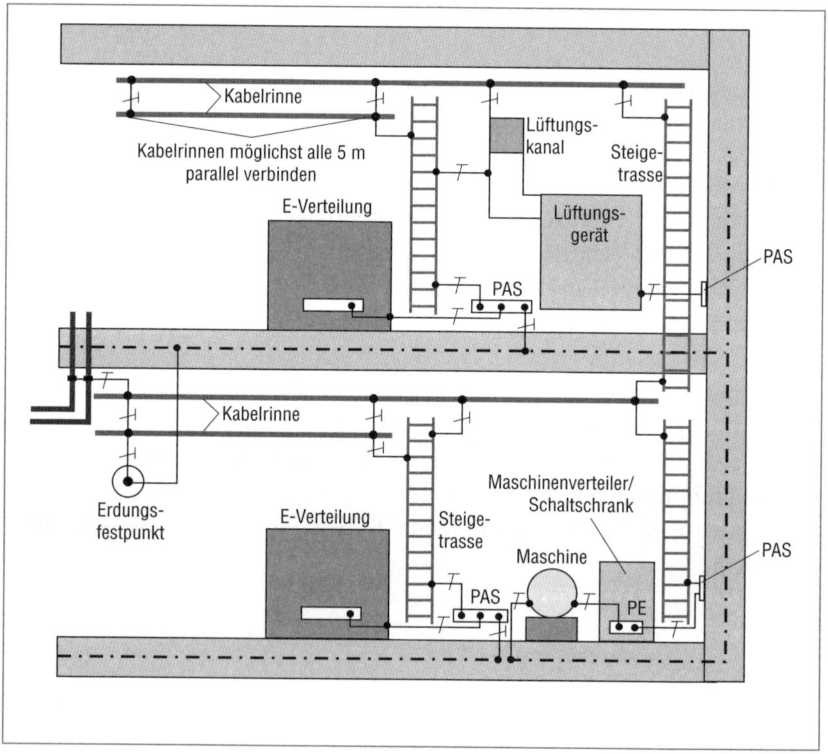

Kabelrinne
Kabelrinnen möglichst alle 5 m
parallel verbinden
Lüftungs-
kanal
Steige-
trasse
E-Verteilung
Lüftungs-
gerät
PAS
PAS
Kabelrinne
Erdungs-
festpunkt
E-Verteilung
Steige-
trasse
Maschinenverteiler/
Schaltschrank
Maschine
PAS
PE
PAS

Bild 4.19 *EMV-Potentialausgleich nach DIN VDE 0100-444 (2010)*

4.6 Anwendung und Umsetzung des Blitzschutzzonenkonzeptes

Der Grundgedanke des Blitzschutzzonenkonzeptes, nämlich die Unterteilung des Gebäudes in verschiedene „Gefährdungszonen“, die von außen nach innen einen immer höherwertigen Schutz gegen die Störgröße „LEMP“ (Lightning Electromagnetic Pulse) bieten, ist in seiner Gesamtheit ein sehr wirksames Werkzeug zum Schutz des Gebäudes und der Gebäudeausrüstung inklusive aller elektrischen Betriebsmittel.

Auch wenn dieser Sachverhalt immer wieder teilweise kontrovers diskutiert wird, liegt es letztlich im Ermessen des Auftraggebers (Gebäudeeigentümers), ob ein komplettes Blitzschutzzonenkonzept umgesetzt wird, da diese Entscheidung über die verbindlich vorgeschriebenen grundlegenden Personen und Sachschutzmaßnahmen der DIN EN 62305 Teil 1–3 (VDE 0185-305 Teil 1–3) oder gar der DIN VDE 0100-443 (2016-10) bzw. der DIN VDE 0100-534 (2016-10) sehr weit hinausgeht.

Beim Blitzschutzzonenkonzept nach DIN EN 62305-3 Teil 4 (VDE 0185-305-4) ist der Schutzgedanke so weit ausgeprägt, dass der komplette Weiterbetrieb aller technischen Einrichtungen eines Gebäudes nach einem Blitzereignis (direkter Einschlag ins Gebäude, Schadensart S1) sicher gegeben sein soll.

Im **Bild 4.20** werden die Zoneneinteilung und die Zonenübergänge bzw. die Schirmungsmaßnahmen mit ihrer grundlegenden Auslegung dargestellt.

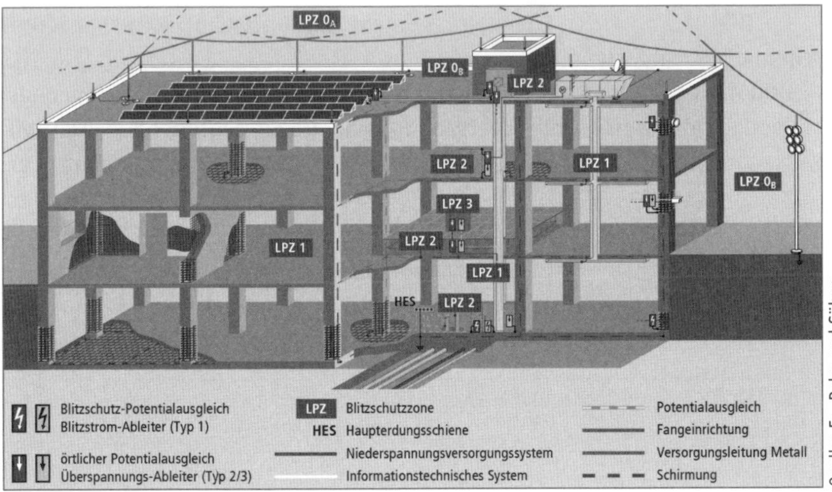

Quelle: Fa. Dehn und Söhne

Bild 4.20 *Umsetzung des Blitzschutzzonen-Konzeptes*

Elektrische und elektronische Systeme sind durch elektromagnetische Blitzimpulse (LEMP) gefährdet. Aus diesem Grund sind SPM (Schutzmaßnahmen gegen LEMP) zur Vermeidung von Ausfällen innerer und äußerer Systeme vorzusehen. Die Planung der SPM muss von erfahrenen Blitzschutz- und Überspannungsschutz-Fachkräften ausgeführt werden, die auch über umfassende Kenntnisse der EMV und über Installationspraxis verfügen. Der Schutz gegen LEMP beruht auf dem Blitzschutzzonen(LPZ)-Konzept: Der Bereich, der die zu schützenden Systeme oder Einrichtungen enthält, ist in LPZs einzuteilen. Diese Zonen sind theoretisch festgelegte bzw. bestimmte räumliche Bereiche (oder Bereiche von inneren Systemen), in denen der LEMP-Bedrohungspegel mit dem Störfestigkeitspegel der inneren Systeme verträglich ist. Aufeinanderfolgende Zonen sind durch deutliche Änderungen des LEMP-Bedrohungspegels gekennzeichnet.

Die Grenze einer LPZ wird durch die angewandten Schutzmaßnahmen bestimmt. Für alle metallenen Versorgungsleitungen, die in die bauliche Anlage eingeführt sind, erfolgt der Potentialausgleich über Potentialausgleichsschienen an den Grenzen von LPZ 1. Zusätzlich erfolgt für metallene Versorgungsleitungen, die in LPZ 2 eingeführt sind (z. B. Rechnerraum, EDV-Raum, Archivraum usw.), ein Potentialausgleich über Potentialausgleichsschienen an der Grenze von LPZ 2.

Was die Anordnung der Überspannung-Schutzeinrichtungen (SPDs) angeht, ist das System vom Grundsatz her auch in vereinfachter Form im **Bild 4.21** erkennbar bzw. ableitbar.

Im **Bild 4.22** ist der komplette Kontext des Blitzschutzzonenkonzeptes schematisch dargestellt.

Bild 4.23 zeigt denselben Kontext, nur mit einer sogenannten Zonenausstülpung. Dort werden die Überspannung-Schutzeinrichtungen (SPDs) teilweise durch eine komplett geschirmte Kabel- oder Leitungsverlegung ersetzt.

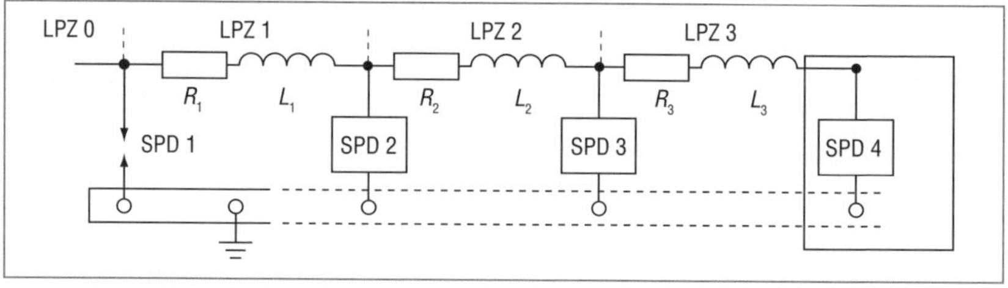

Bild 4.21 *Umsetzung des Blitzschutzzonen-Konzeptes bezogen auf die Anordnung der Überspannung-Schutzeinrichtungen (SPDs)*

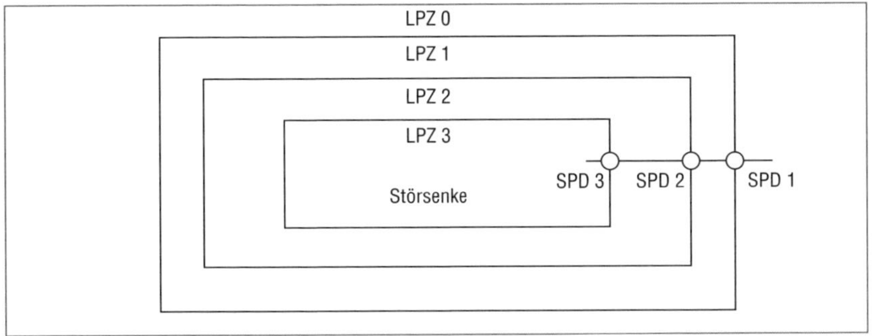

Bild 4.22 *Umsetzung des Blitzschutzzonenkonzeptes bezogen auf die Anordnung der Überspannung-Schutzeinrichtungen (SPDs) und der Zonenübergänge.*

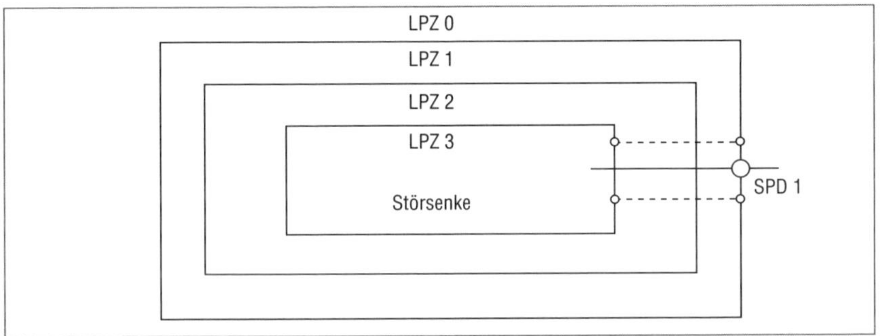

Bild 4.23 *Umsetzung des Blitzschutzzonenkonzeptes bezogen auf die Anordnung der Überspannung-Schutzeinrichtungen (SPDs) und der Zonenübergänge und eine Zonenausstülpung*

Die Blitzschutzzonen (LPZs) werden wie folgt beschrieben:

LPZ 0A: Direkteinschläge möglich, ungedämpfte elektromagnetische Blitzpulsfelder vorhanden

LPZ 0B: Keine direkten Blitzeinschläge möglich, jedoch ungedämpfte Blitzpulsfelder vorhanden

LPZ 1: Geschützte Elektroinstallation, abgeschwächte elektromagnetische Blitzpulsfelder. (Leitungen zwischen LPZ 0A und LPZ 1 haben an den Übergangsstellen Blitzstromableiter.)(Leitungen zwischen BSZ 0B und LPZ 1 haben an den Übergangsstellen Überspannungsableiter.)

LPZ 2: Geschützte Endgeräte, stark gedämpfte elektromagnetische Felder, Blitzschutzpotentialausgleich (Überspannungsableiter bei Leitungsübergängen von LPZ 1 auf LPZ 2 und höheren LPZs).

LPZ 3: Geschützter Bereich innerhalb eines Endgerätes oder einer Anlage, örtlicher Potentialausgleich wirksam.

Die **Bilder 4.24** und **4.25** zeigen nochmals die beiden möglichen Varianten des Schutzes von Anlagen und Betriebsmitteln nach dem Blitzschutzzonenkonzept.

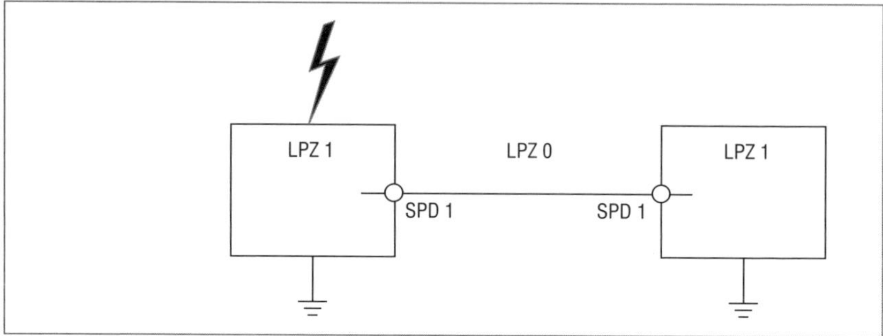

Bild 4.24 *Umsetzung des Blitzschutzzonen-Konzeptes bezogen auf die Anordnung der Überspannung-Schutzeinrichtungen (SPDs)*

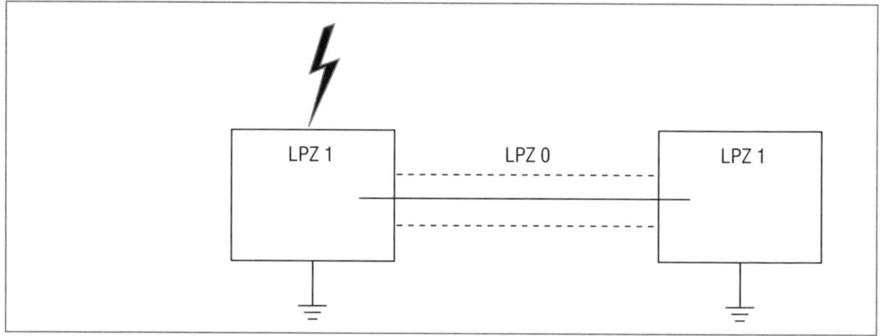

Bild 4.25 *Umsetzung des Blitzschutzzonenkonzeptes bezogen auf die Anordnung der Überspannung-Schutzeinrichtungen (SPDs), der Zonenübergänge und eine Zonenausstülpung*

4.7 Blitzüberspannungsschutz von Außenbeleuchtungsanlagen

Beim Blitz und Überspannungsschutz von Außenbeleuchtungsanlagen gelten im Grundsatz die gleichen Schutzkonzepte, die in den vorangegangenen Abschnitten dieses Buches schon dargestellt und erläutert wurden.

Der kritische Punkt liegt allerdings meist in der exponierten Lage der Beleuchtungskörper, da sie oft der direkten oder indirekten Blitzeinwirkung schutzlos ausgeliefert sind.

Folgende Ursachen und Hintergründe führen gerade im technologischen Wandel von der klassischen Beleuchtungstechnik zur LED-Technologie zu einer erhöhten Schadenshäufigkeit:

- Direkte Einwirkung des Blitzstromes (Direkteinschlag in Leuchte) auf den Leuchtenkörper oder damit verbundene Einrichtungen.
- Indirekte Einwirkung des Blitzstromes (Naheinschlag neben der Leuchte) auf den Leuchtenkörper oder damit verbundene Einrichtungen.
- Es erfolgt im Außenbereich praktisch keine Dämpfung des elektromagnetischen Feldes der Blitzentladung, da der Raumschirmungseffekt der Gebäudeaußenhaut entfällt.
- Sehr lange Kabel- oder Leitungsstrecken, die eine massive Erhöhung der wirksamen Einkoppelfläche bewirken.
- Zunehmender Einsatz von elektronischen Vorschaltgeräten bzw. LED-Treibern, die eine geringere Bemessungsstehstoßspannungsfestigkeit als konventionelle Vorschaltgeräte aufweisen.
- Die hohe Anzahl von Leuchten an einem Versorgungsstrang, die bei den in der Praxis üblichen Anlagenkonstellationen in der Außenbeleuchtung angewendet werden.
- Fehlende Schulung und Unterweisung bei dem Planer und Errichter solcher Außenbeleuchtungsanlagen, was zu teilweise eklatanten Fehlern in der Planung oder/und Ausführung führt.

Im **Bild 4.26** werden die Grundsätze der Gefährdungsproblematik vereinfacht und auf das Wesentliche reduziert dargestellt.

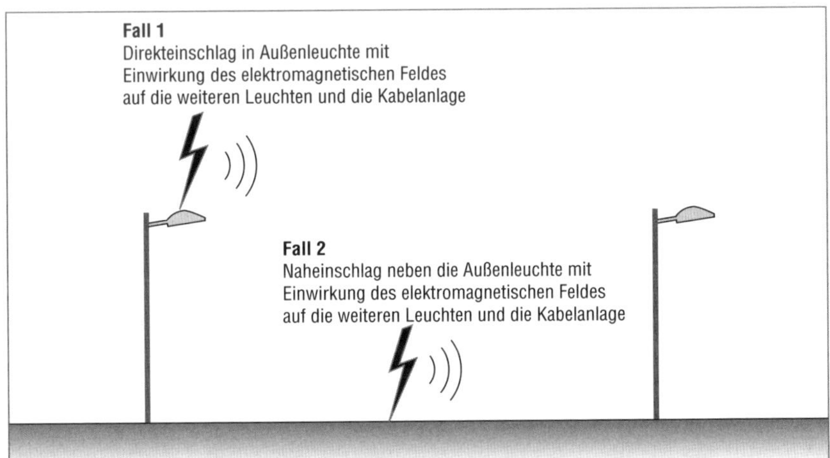

Bild 4.26 *Auswirkungen von Direkteinschlag und Naheinschlag auf Außenleuchten*

Zur Umsetzung eines tragfähigen Schutzkonzeptes ist eine Kombination verschiedener Maßnahmen notwendig, um die komplette Beleuchtungsinfrastruktur wirksam und praktikabel gegen Blitzeinwirkungen zu schützen.

Folgende Maßnahmen müssen ergriffen und in der Praxis umgesetzt werden:

Fall 1: Schutz vor direkten Blitzeinwirkungen – Direkteinschlag

- Soll oder muss ein Schutz der Leuchte gegen direkte Blitzeinschläge erfolgen, weil die Leuchte z. B. von einem Gebäude mit einem Blitzschutzsystem versorgt wird und die Außenbeleuchtung für die Gebäudesicherheit unabdingbar ist (z. B. Außenbeleuchtung wird für die Sicherheitsbeleuchtung eines Gebäudes verwendet), muss sich wie bei einem Gebäudeblitzschutzsystem jede Leuchte im Schutzbereich einer Fangeinrichtung befinden. Hierbei ist auch die Einhaltung des notwendigen Trennungsabstandes von Blitzstrom durchflossenen Teilen zur elektrischen Anlage zu beachten.
- Ist ein Ausfall einer einzelnen Leuchte hinnehmbar, wie z. B. bei einer normalen Straßenbeleuchtung, die sicher nicht komplett flächig mit Fangeinrichtungen ausgestattet werden kann, sind mindestens die Auswirkungen des direkten Blitzeinschlages auf die weiteren Leuchten und die versorgende elektrische Anlage auf ein absolutes Minimum zu begrenzen.

  Dies wird dann durch die korrekte Anordnung von Blitzstromableitern (SPD Typ 1) realisiert.

Zusätzlich muss die im Erdreich verlegte Kabelanlage durch einen oder mehrere Erdungsleiter, die jeweils einen 45°-Schutzwinkel ausbilden, gegen die Blitzeinwirkung beim Blitzstromdurchgang in das Erdreich geschützt werden, um einen Direkteinschlag in die im Erdreich verlegten Kabel zu verhindern.

Hinweis

Des Weiteren kann auch bei kritischen Bereichen (z. B. Versammlungsstätten im Freien) eine Maßnahme gegen die Auswirkungen von Schrittspannungen nach DIN EN 62305-3 (VDE 0185-305-3) zum Personenschutz notwendig werden.

Fall 2: Schutz vor indirekten Blitzeinwirkungen – Naheinschlag

Zum Schutz gegen die induktiv eingekoppelten Störgrößen müssen an sämtlichen relevanten Punkten Überspannungsableiter (SPD Typ 2) realisiert werden. Falls Maßnahmen zu treffen sind, die auch Fall 1 abdecken, sind sie mit Schutzgeräten zu kombinieren, die beide Anforderungen erfüllen.

Typische Verknüpfungspunkte, an denen Überspannung-Schutzeinrichtungen entweder alleinig oder in Kombination mit Schutzeinrichtungen aus dem Fall 1 realisiert werden, sind die nachfolgenden Anlagenbereiche:

- am Speisepunkt der Außenbeleuchtungsanlage,
- in Straßenbeleuchtungsverteilern,
- an den Anschlusspunkten der Leuchten im Mastanschlusskasten,
- ab einer Entfernung von 10 m zwischen Mastanschlusskasten und der eigentlichen Leuchte, auch direkt unmittelbar an jeder Leuchte.

Im **Bild 4.27** und **4.28** werden die vorab aufgeführten Maßnahmen auszugsweise dargestellt.

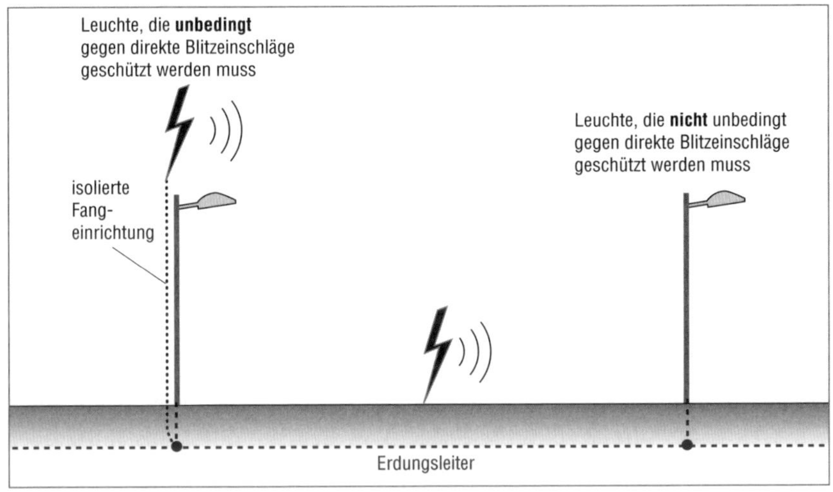

Bild 4.27 *Maßnahmen zur Beherrschung der Auswirkungen von Direkteinschlag und Naheinschlag auf Außenleuchten (Erdungsmaßnahmen und Fangeinrichtungen)*

Hinweis zu Bild 4.27

Durch die große Ausdehnung des Erdungsleiters (im Bild 4.27 mit der unteren gestrichelten Linie dargestellt) wird in der Regel auch ohne zusätzliche Tiefenerder an jeder Leuchte eine ausreichende Erdungswirkung erzielt.

Durch die Anordnung des Erdungsleiters aus Bild 4.27, 0,5 m oberhalb der Erdkabelanlage (Schutzwinkel 45°), wird auch der Schutz gegen Direkteinschlag in die im Erdreich verlegten Kabel gewährleistet.

Für die Materialeigenschaften des Erdungsleiters wird vom Autor ein Rundleiter V4A 10 mm empfohlen.

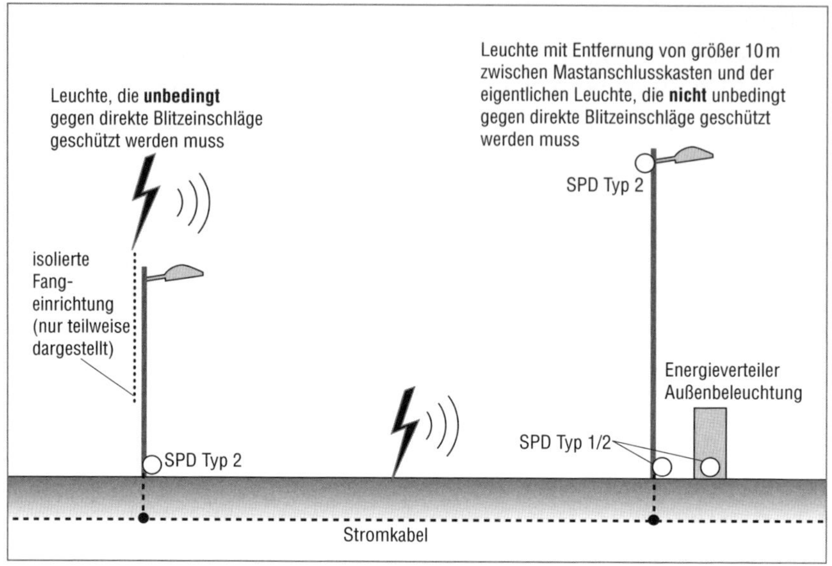

Bild 4.28 *Maßnahmen zur Beherrschung der Auswirkungen von Direkteinschlag und Naheinschlag auf Außenleuchten (Überspannung-Schutzeinrichtungen)*

Hinweis zu Bild 4.28

Es wird hier nur eine der möglichen Varianten (Leuchte mit Schutz gegen direkte Blitzeinschläge und eine Leuchte ohne die Notwendigkeit eines Schutzes gegen direkte Blitzeinschläge bzw. Leuchte ohne Abstand größer 10 m zwischen Mastanschlusskasten und der eigentlichen Leuchte) dargestellt, es sind selbstverständlich weitere Anforderungskombinationen möglich oder denkbar.

Im Bild 4.28 wird aus Gründen der Übersichtlichkeit auf die nochmalige Darstellung des Erdungsleiters und der isolierten Fangeinrichtung aus Bild 4.27 verzichtet.

Der im Bild 4.28 rechts an der Leuchte (Leuchte ohne Fangeinrichtung) dargestellte SPD Typ 2 stellt selbstverständlich nicht den Schutz gegen die Auswirkungen von direkten Einschlägen sicher, sondern, wie auch in diesem Fall konzeptionell festgelegt, nur den Schutz der Leuchte bei eingekoppelten Störgrößen.

Zusätzlich müssen auch, falls vorhanden, sämtliche informationstechnischen Systeme wirksam gegen die direkten und indirekten Einwirkungen des Blitzeinschlages geschützt werden.

4.8 Blitzüberspannungsschutz von Photovoltaikanlagen

Da im Bereich der PV-Anlagen (Neuanlagen oder Bestandsanlagen) die Blitzüberspannungsschäden teilweise extrem ansteigen, soll in diesem Abschnitt versucht werden, die grundsätzlichen Schutzansätze darzustellen, um Neu- oder auch Bestandsanlagen gegen die direkten und indirekten Wirkungen der Störgröße „Blitzeinwirkung“ (LEMP, Lightning Electromagnetic Pulses) zu schützen.

Im **Bild 4.29** wird ein Schutzkonzept bei Einhaltung des notwendigen Trennungsabstandes (PV-Anlage mit Gebäude, auf dem eine äußere Blitzschutzanlage notwendig ist) dargestellt.

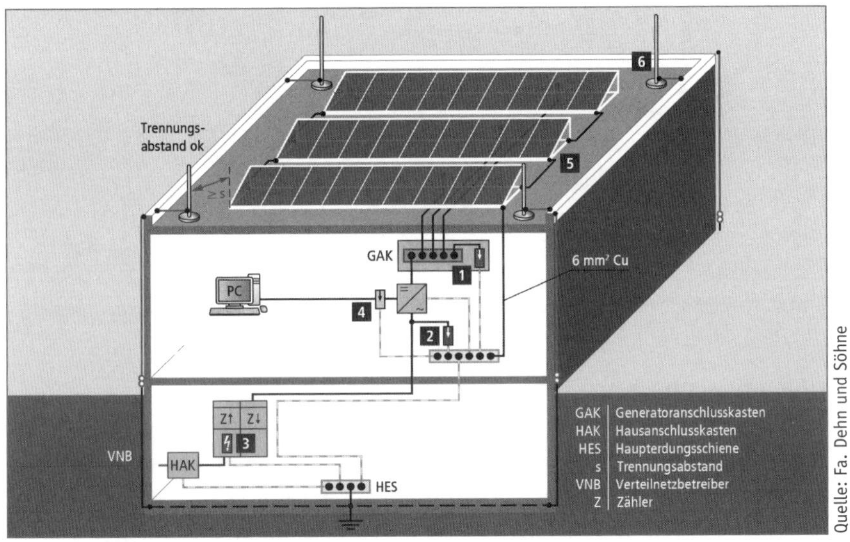

Bild 4.29 *Maßnahmen zur Beherrschung der Auswirkungen von Direkteinschlag und Naheinschlag auf einer PV-Anlage; Trennungsabstand eingehalten*

Hinweis zu Bild 4.29

Nach der Neuauflage der DIN VDE 0100-712 (2016-10) ist bei einem Abstand von mehr als 10 m zwischen Wechselrichter und Generatoranschlusskasten (in der Praxis häufig der Fall) ein Schutz mit Überspannung-Schutzeinrichtungen (SPD Typ 2 DC) auf der DC-Seite am Wechselrichter und im Generatoranschlusskasten notwendig.

Die Überspannung-Schutzeinrichtungen 1, 2 und 4 sind als SPD Typ 2 auszuführen. Die Überspannung-Schutzeinrichtung 3 ist als SPD Typ 1 auszuführen.

Im **Bild 4.30** wird ein Schutzkonzept bei Nichteinhaltung des notwendigen Trennungsabstandes (PV-Anlage mit Gebäude, auf dem eine äußere Blitzschutzanlage notwendig ist) dargestellt.

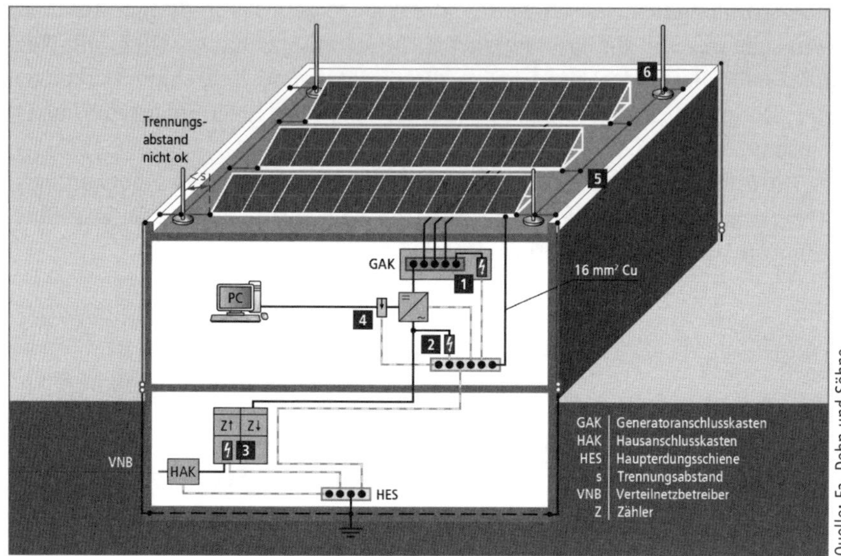

Bild 4.30 *Maßnahmen zur Beherrschung der Auswirkungen von Direkteinschlag und Naheinschlag auf einer PV-Anlage, Trennungsabstand nicht eingehalten*

Hinweis zu Bild 4.30

Nach der Neuauflage der DIN VDE 0100-712 (2016-10) ist bei einem Abstand von mehr als 10 m zwischen Wechselrichter und Generatoranschlusskasten (in der Praxis häufig der Fall) ein Schutz mit Überspannung-Schutzeinrichtungen (SPD Typ 1 DC) auf der DC-Seite am Wechselrichter und im Generatoranschlusskasten notwendig.

Die Überspannung-Schutzeinrichtung 4 ist als SPD Typ 2 auszuführen.

Die Überspannung-Schutzeinrichtungen 1, 2 und 3 sind als SPD Typ 1 auszuführen.

Bei Realisierung einer derartigen Anlagenkonstellation muss unbedingt der Beherrschung der Teilblitzströme in der elektrischen Anlage große Aufmerksamkeit zuteilwerden, da sonst trotz Einbau von Überspannung-Schutzeinrichtungen (SPD Typ1 und SPD Typ 2) mit schweren Schäden zu rechnen ist. Hierzu wird vom Autor auf die Maßnahmen nach DIN EN 62305-3 Beiblatt 5 (VDE 0185-305-3 Beiblatt 5) Abschnitt 5.6, z. B. Bild 10, verwiesen.

Durch den nachfolgend aufgeführten Verweis der DIN VDE 0100-712 (2016-10) Abschnitt 712.534 ist die Durchführung der Maßnahmen nach DIN EN 62305-3 Beiblatt 5 (VDE 0185-305-3 Beiblatt 5) bei Gebäuden ohne äußere Blitzschutzanlage für praktisch alle PV-Anlagen verbindlich.

Auszug aus DIN VDE 0100-712 (2016-10) Abschnitt 712.534:
„712.534 Einrichtungen zum Schutz bei Überspannungen. Die Auswahl und Errichtung von Überspannung-Schutzeinrichtungen (SPDs) in PV-Systemen muss nach DIN EN 62305-3 Beiblatt 5 (VDE 0185-305-3 Beiblatt 5) erfolgen."

Da im Beiblatt 5 (2014-2) der DIN EN 62305-3 (VDE 0185-305-3) im Abschnitt 5.3 ein normativ verbindlicher Bezug enthalten ist, der die Errichtung von Überspannung-Schutzeinrichtungen (SPDs) auf der DC-Seite an die Notwendigkeit der Errichtung auf der AC-Seite der PV-Anlage koppelt, kann nun von einer generellen Forderung zur Errichtung von Überspannungsschutzmaßnahmen bei der Neuerrichtung einer PV-Anlage gesprochen werden.

Auszug aus Beiblatt 5 (2014-2) der DIN EN 62305-3 (VDE 0185-305-3) Abschnitt 5.3:
„Ergibt sich die Notwendigkeit von Überspannungsschutzmaßnahmen auf der AC-Seite und soll insbesondere ein Schutz des Wechselrichters sichergestellt werden, dann werden auch auf der DC-Seite Überspannungsschutzmaßnahmen notwendig."

Hinweis
DIN VDE 0100-443 (2016-10) und DIN VDE 0100-534 (2016-10) erheben, wie in den vorigen Kapiteln aufgezeigt, praktisch die generelle Anforderung zur Errichtung von Überspannungsschutzmaßnahmen.

Als Überspannungsschutzmaßnahme wäre auch eine komplett geschirmte Verkabelungsausführung in dem jeweilig zu schützenden Anlagenteil als eine Option anzusehen.

In den **Bildern 4.31** bis **4.34** ist eine beispielhafte Ausführung der komplett geschirmten Verkabelungsausführung in dem jeweilig zu schützenden Anlagenteil, hier die DC-Verkabelung, dargestellt.

Bild 4.31 *Maßnahmen zur Beherrschung der Auswirkungen von Direkteinschlag und Naheinschlag auf einer PV-Anlage (auszugsweise dargestellte komplett geschirmte Verlegung der DC-Verkabelung)*

Bild 4.32 *Maßnahmen zur Beherrschung der Auswirkungen von Direkteinschlag und Naheinschlag auf einer PV-Anlage (auszugsweise dargestellte komplett geschirmte Verlegung der DC-Verkabelung)*

Hinweis zu Bild 4.31

In Bild 4.31 wird ein Übergang von der Dachfläche auf den erhöhten Standort der Wechselrichter dargestellt. Bei dieser Anlage konnte der Trennungsabstand zur äußeren Blitzschutzanlage nicht eingehalten werden, deshalb wurden zusätzlich zur komplett geschirmten Verlegung der DC-Verkabelung auch noch weitere Maßnahmen wie im Bild 4.30 realisiert.

Hinweis zu Bild 4.32

In Bild 4.32 wird ein Eckpunkt des Kabelverlegesystems dargestellt. Bei dieser Anlage konnte der Trennungsabstand zur äußeren Blitzschutzanlage nicht eingehalten werden, deshalb wurden zusätzlich zur komplett geschirmten Verlegung der DC-Verkabelung auch noch weitere Maßnahmen wie im Bild 4.30 realisiert.

Zusätzlich wurde der „Funktionserdungsleiter“ (Farbkennzeichnung Schwarz, da Grün-Gelb nicht zulässig wäre) in diesem Bild möglichst häufig mit der Unterkonstruktion der PV-Anlage verbunden.

Bild 4.33 *Maßnahmen zur Beherrschung der Auswirkungen von Direkteinschlag und Naheinschlag auf einer PV-Anlage (auszugsweise dargestellte komplett geschirmte Verlegung der DC-Verkabelung)*

Hinweis zu Bild 4.33

In Bild 4.33 wird der Bereich um die Wechselrichter dargestellt. Bei dieser Anlage konnte der Trennungsabstand zur äußeren Blitzschutzanlage nicht eingehalten werden, deshalb wurden zusätzlich zur komplett geschirmten Verlegung der DC-Verkabelung weitere Maßnahmen wie im Bild 4.30 realisiert.

Im Bild 4.33 sind die Maßnahmen wie im Bild 4.30 (SPD Typ 1 DC) vor jedem Wechselrichter auf der DC-Seite erkennbar, zusätzlich wurden selbstverständlich auch die AC-Seite und die informationstechnischen Anlagenteile nach Bild 4.30 realisiert.

Bild 4.34 *Maßnahmen zur Beherrschung der Auswirkungen von Direkteinschlag und Naheinschlag auf einer PV-Anlage (auszugsweise dargestellte komplett geschirmte Verlegung der DC-Verkabelung)*

Hinweis zu Bild 4.34

In Bild 4.34 wird der Bereich auf der Dachfläche auszugsweise dargestellt. Bei dieser Anlage konnte der Trennungsabstand zur äußeren Blitzschutzanlage nicht eingehalten werden, deshalb wurden zusätzlich zur komplett geschirmten Verlegung der DC-Verkabelung weitere Maßnahmen wie im Bild 4.30 realisiert.

Wichtig ist ebenfalls die korrekte Ausführung der DC-Verkabelung (Gleichstromverkabelung), wie sie in **Bild 4.35** dargestellt ist, und dass die Einkoppelfläche nach DIN EN 62305-3 Beiblatt 5 (VDE 0185-305-3 Beiblatt 5) reduziert wird.

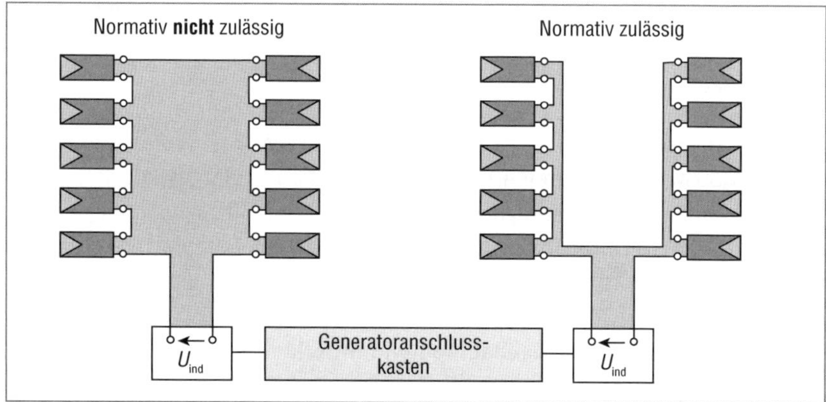

Bild 4.35 *Maßnahmen zur Beherrschung der Auswirkungen von Direkteinschlag und Naheinschlag auf einer PV-Anlage. Reduzierung der wirksamen Einkoppelfläche nach DIN EN 62305-3 Beiblatt 5 (VDE 0185-305-3 Beiblatt 5)*

Hinweis

Zusätzlich sind zur Planung und Installation die Vorgaben der DIN VDE 0100-712, der DIN VDE 0126-23 und der DIN EN 62305-3 Beiblatt 5 (VDE 0185-305-3 Beiblatt 5) in der jeweils aktuellsten Ausgabe einzuhalten.

Die Errichtung einer äußeren Blitzschutzanlage bleibt auch im Bereich von PV-Anlagen einer Blitzschutzfachkraft nach DIN EN 62305 (VDE 0185-305) vorbehalten.

4.9 Anschluss von Überspannung-Schutzeinrichtungen

Die handwerklich Ausführung, die Leiteranordnung, die Leiterlänge und der Querschnitt der Anschlussleiter der Überspannung-Schutzeinrichtungen (SPDs) beeinflussen ganz erheblich die in der elektrischen Anlage tatsächlich wirksamen Überspannungspegel.

Hier heißt das entscheidende Schutzziel:
Impedanzarme Ausführung der Anschlussleiter der Überspannung-Schutzeinrichtungen (SPDs)
Alle Anschluss- und Verbindungsleitungen zwischen der Überspannung-Schutzeinrichtung (SPD) und den zu schützenden aktiven Leitern sowie alle Verbindungen zwischen den Überspannung-Schutzeinrichtungen (SPDs) und allen externen Abtrennvorrichtungen (z. B. Vorsicherungen) müssen möglichst kurz und geradlinig vom Errichter der elektrischen Anlage erstellt werden.

> Nicht notwendige Leiterschleifen oder Reservelängen müssen vermieden werden.

Eine impedanzarme Verlegung der Anschluss- bzw. Verbindungsleiter beeinflusst sehr positiv den in der elektrischen Anlage tatsächlich wirksamen Überspannungspegel.

Die maximal zulässigen Leitungslängen der Anschluss- bzw. Verbindungsleiter sind in der DIN VDE 0100-534 im Bild 534.8 dargestellt und dürfen 0,5 m insgesamt ausdrücklich nicht übersteigen.

Achtung: Dieser Wert wurde gegenüber der vorherigen Ausgabe der DIN VDE 0100-534 auf die Hälfte reduziert.

Es muss unbedingt vom Errichter der elektrischen Anlage gewährleistet werden, dass die Gesamtlänge aller Leitungen zwischen den Anschlusspunkten der SPD-Schutzeinrichtungen einen Wert von 0,5 m nicht überschreitet – siehe hierzu **Bild 4.36.**

Hinweis
Um diese normative Anforderung der DIN VDE 0100-534 (2016-10) zu erfüllen, muss der Schutzleiter an eine möglichst naheliegende Schutzleiterklemme (Erdungsklemme) angeschlossen werden. Wenn es notwendig wird, ist nach Bild 534.9 der DIN VDE 0100-534 (2016-10) eine zusätzliche Schutzleiter- bzw. Erdungsschiene zur Haupterdungsschiene vorzusehen.

Dieser Sachverhalt ist in Bild 4.38 dargestellt, das die wesentlichen Anforderungen des Bildes 534.9 der DIN VDE 0100-534 (2016-10) abbildet.

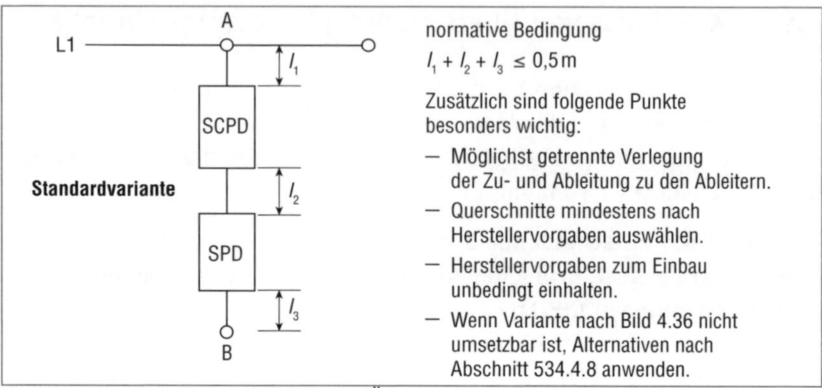

Bild 4.36 *Beispiel für den Anschluss von Überspannung-Schutzeinrichtungen (SPD) nach Bild 534.8 der DIN VDE 0100-534 (2016-10)*

Im **Bild 4.37** ist der korrekte Anschluss nach den Anforderungen des Bildes 4.36 dargestellt.

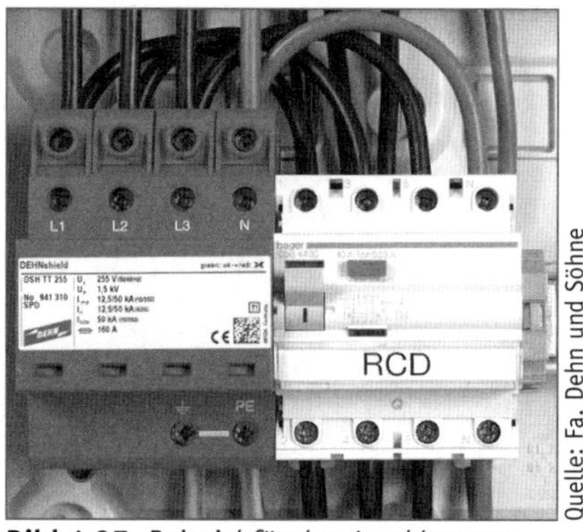

Bild 4.37 *Beispiel für den Anschluss von Überspannung-Schutzeinrichtungen (SPD) nach Bild 534.8 der DIN VDE 0100-534 (2016-10)*

Hinweis zu Bild 4.37

Die in diesem Bild nicht komplett ersichtliche Anschlusslänge des Verbindungsleiters zum Schutzleiter betrug insgesamt ca. 0,25 m, sodass sich eine Gesamtlänge der Anschlussleiterlängen pro Pol von ca. 0,4 m ergab.

Hieraus wird ersichtlich, dass selbst bei dieser für die Praxis optimalen Anordnung die Einhaltung der Gesamtlänge der Anschlussleiterlängen pro Pol von 0,5 m nicht immer zu realisieren ist.

Folgende Alternativen sind bei der Nicht-Realisierbarkeit der normativ verbindlichen Bedingung $l_1 + l_2 + l_3 \leq 0{,}5\,\text{m}$ möglich:

- Maßnahmen zur Verminderung des in der elektrischen Anlage tatsächlich wirksamen Überspannungspegels
- Auswahl einer Überspannung-Schutzeinrichtung (SPD) mit niedrigerem Schutzpegel U_p

[Hier muss von einem zusätzlich induktiven Spannungsfall von ca. 1 kV pro Meter geradlinig verlegtem Leiter bei einem Impulsstrom von 10 kA (Wellenform 8/20 µs) gerechnet werden].

Hinweis
Auch die durch zusätzliche Leiterimpedanzen erzeugten Spannungspegel dürfen insgesamt nicht dazu führen, dass die Bemessungs-Stoßspannungsfestigkeit der elektrischen Betriebsmittel überschritten wird.

- Errichten einer weiteren energetisch koordinierten Überspannung-Schutzeinrichtung (SPD) in der räumlichen Nähe des zu schützenden elektrischen Betriebsmittels, um so die auftretende transiente Überspannung an die Bemessungs-Stoßspannungsfestigkeit des elektrischen Betriebsmittels anzugleichen.
- Anwendung der Verschaltung nach **Bild 4.38**, das die wesentlichen Vorgaben des Bildes 534.9 der DIN VDE 0100-534 (2016-10) darstellt und veranschaulicht. [Diese Verschaltung ist auch als die sogenannte V-Schaltung bekannt und war in vereinfachter Form auch schon in der Vorgängerausgabe der DIN VDE 0100-534 (2016-10) enthalten].

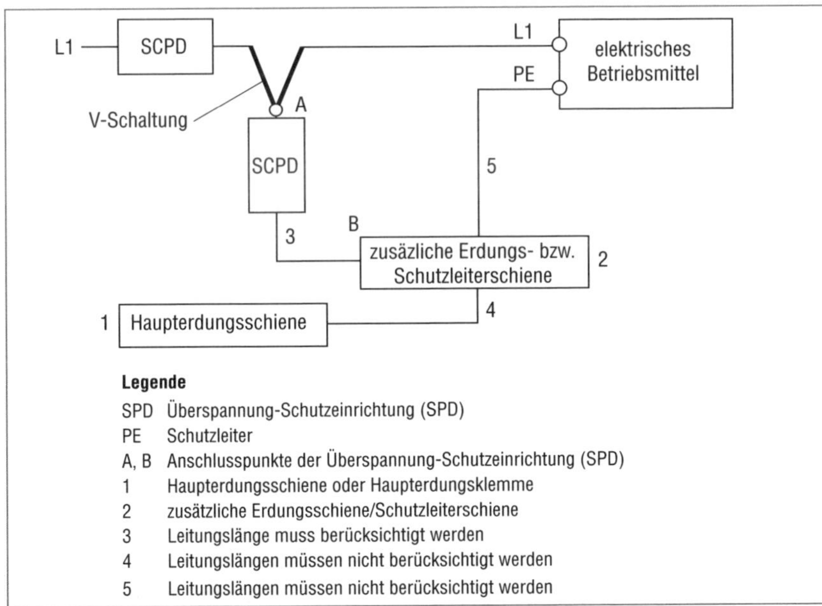

Bild 4.38 *Beispiel für den Anschluss von Überspannung-Schutzeinrichtungen (SPD) nach Bild 534.9 der DIN VDE 0100-534 (2016-10)*

Ein negatives Beispiel einer nicht normativ korrekten Ausführung zeigt das **Bild 4.39**.

Bild 4.39 *Beispiel für den nicht normativ korrekten Anschluss von Überspannung-Schutzeinrichtungen (SPD) nach Bild 534.9 der DIN VDE 0100-534 (2016-10)*

Kommentar zu Bild 4.39

Durch die in der Praxis allgemein übliche Positionierung des Überspannungs-Ableiters im mittleren Bereich des Verteilers anstatt direkt neben den Klemmen der Zuleitung ergibt sich in Bild 4.39 eine nach DIN VDE 0100-534 (2016-10) nicht den allgemein anerkannten Regeln der Technik entsprechende Anlagenerrichtung. Vom Autor wurden in diesem Fall ca. 0,9 m Gesamtlänge der Anschlussleiterlängen pro Pol ermittelt.

Des Weiteren ist die impedanzarme Leiterverlegung (gerade Leiteranordnung mit möglichst geringem Leiterabstand) in diesem Beispiel auch sicher nicht optimal gelöst.

4.10 Bemessung der Anschlussleiter von Überspannung-Schutzeinrichtungen

In diesem Abschnitt der DIN VDE 0100-534 (2016-10) werden die Mindestquerschnitte für die Anschlussleiter zwischen den Überspannung-Schutzeinrichtungen (SPDs) und der Erdungs- bzw. Schutzleiter- oder PEN-Schiene aufgeführt, die aus Sicht der Normensetzer der DIN VDE 0100-534 (2016-10) in den meisten Praxisfällen ausreichend sind. In jedem Einzelfall sind allerdings die Herstellervorgaben und die aus der Kurzschlussstromberechnung ermittelten Querschnitte für die konkrete Ausführung maßgeblich.

Achtung: Die Herstellervorgaben berücksichtigen nicht die Erwärmung durch den potenziell möglichen Eintritt eines Kurzschlussereignisses der elektrischen Leiter zwischen der Kurzschlussschutzeinrichtung (SCPD) und der Überspannung-Schutzeinrichtung (SPD), sondern nur das Beherrschen des Ableitvorgangs der Größen 10/350 µs (SPD Typ 1) und 8/20 µs (SPD Typ 2).

Folgende normative Mindestquerschnitte sind in der DIN VDE 0100-534 (2016-10) enthalten:

- 6-mm²-Kupferleiter (oder andere Leiterwerkstoffe, leitwertgleich) als Mindestquerschnitte für die Anschlussleiter zwischen der Überspannung-Schutzeinrichtung (SPD Typ 2) und der Erdungs- bzw. Schutzleiter- oder PEN-Schiene. (Normativ soll dies nur für Überspannung-Schutz-einrichtungen (SPD Typ 2) in der räumlichen Nähe zum Speisepunkt der elektrischen Anlage gelten, vom Autor wird aber dringend eine allgemeine Anwendung empfohlen).
- 16-mm²-Kupferleiter (oder andere Leiterwerkstoffe, leitwertgleich) als Mindestquerschnitte für die Anschlussleiter zwischen der Überspannung-Schutzeinrichtung (SPD Typ 1) und der Erdungs- bzw. Schutzleiter- oder PEN-Schiene. (Normativ soll dies nur für Überspannung-Schutz-einrichtungen (SPD Typ 1) in der räumlichen Nähe zum Speisepunkt der elektrischen Anlage gelten, vom Autor wird aber dringend eine allgemeine Anwendung empfohlen).

Hinweis
In jedem Einzelfall sind die aus der Kurzschlussstromberechnung ermittelten Querschnitte und die Herstellervorgaben für die konkrete Ausführung maßgeblich.

Im zweiten Aufzählungsbereich des Abschnittes 534.4.10 der DIN VDE 0100-534 (2016-10) Anschlussleitungen von Überspannung-Schutzeinrichtungen (SPDs) wird auf einen Abschnitt aus der DIN VDE 0100-430 (VDE 0100-430):2010-10, 433.3.1 Punkt b) bezuggenommen, bei dem es um Kurzschlussschutz von elektrischen Leitern geht, bei denen kein Überlastzustand eintreten kann, wie dies z.B. auch bei Überspannung-Schutzeinrichtungen gegeben ist.

Hier werden normative Mindestquerschnitte für die Außenleiterquerschnitte vorgegeben, die allerdings, wie vorab schon aufgeführt, immer noch mit den Herstellervorgaben und den Ergebnissen der Kurzschlussstromberechnung abgeglichen werden müssen.

Vor einer pauschalen Übernahme der nachfolgenden Mindestquerschnitte (Außenleiter) kann nur gewarnt werden, da in vielen elektrischen Anlagen deutlich größere Außenleiterquerschnitte zum Anschluss der Überspannung-Schutzeinrichtungen notwendig werden.

- 2,5-mm²-Kupferleiter (oder andere Leiterwerkstoffe, leitwertgleich) als Mindestquerschnitte für die Anschlussleiter zwischen der Überspannungs-Schutzeinrichtung (SPD Typ 2) und den Kurzschlussschutzeinrichtungen.

- 6-mm²-Kupferleiter (oder andere Leiterwerkstoffe, leitwertgleich) als Mindestquerschnitte für die Anschlussleiter zwischen den Überspannung-Schutzeinrichtung (SPD Typ 1) und den Kurzschlussschutzeinrichtungen.

Fazit

Bei Überspannung-Schutzeinrichtungen handelt es sich immer um Einrichtungen nach Abschnitt 433 aus der DIN VDE 0100-430 (VDE 0100-430):2010-10, 433.3.1 Punkt b), bei denen *kein* Überlastzustand eintreten kann.

Der Ableitvorgang wird nicht als Überlastfall angesehen und ist durch die Anwendung der Herstellervorgaben als Mindestquerschnitt praktisch automatisch abgedeckt.

Vom Errichter muss immer selbst die Auslegung der Anschlussleiter zu den Überspannung-Schutzeinrichtungen (SPD) unter Berücksichtigung der Herstellervorgaben (Mindestquerschnitt) und der in der Anlage gegebenen Kurzschlussgrößen und Absicherungen erfolgen.

Nachfolgend soll nun an zwei Beispielen dieser Auslegungsprozess aufgezeigt werden.

Hierzu sind allerdings einige Grundlagen des Kurzschlussschutzes von elektrischen Leitern nach DIN VDE 0100-430 (2010-10) vorab darzustellen.

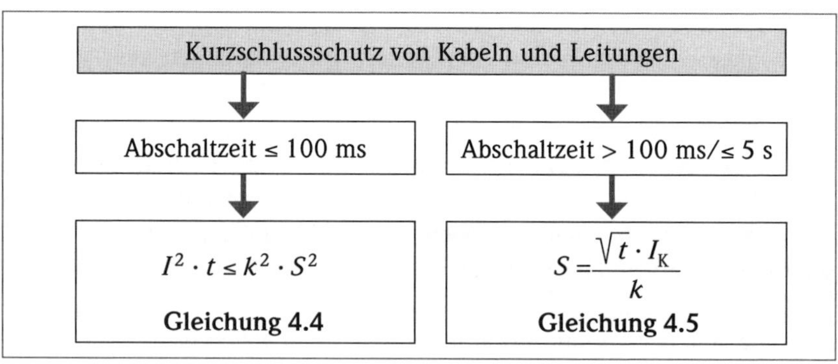

Berechnungsbeispiel des Kurzschlussstromes nach Gleichung 4.5 (Abschaltzeit > 100 ms/≤ 5 s)

Absicherung NH: 160 A gG
I_K = 1.500 A (Kurzschlussstrom an der Einbaustelle der SPD)
$k = 115\,\mathrm{A}\,\sqrt{\mathrm{s}}/\mathrm{mm}^2$
t = 0,6 s (aus Kennlinie der Schmelzsicherung ermittelt)

$$S = \frac{\sqrt{t} \cdot I_K}{k} = \frac{\sqrt{0{,}6\,\mathrm{s}} \cdot 1.500\,\mathrm{A}}{115\,\mathrm{A}\,\sqrt{\mathrm{s}}/\mathrm{mm}^2} = 10{,}10\,\mathrm{mm}^2$$

Zusammenfassung
Unter diesen relativ extremen Bedingungen (160 A Absicherung und nur 1.500 A Kurzschlussstrom) ist trotzdem ein Leiterquerschnitt von 16 mm² ausreichend, um die Leitererwärmung beim Kurzschlussfall in den vorgegebenen Grenzen zu halten. Zusätzlich sind immer die Herstellervorgaben der Überspannung-Schutzeinrichtung (SPDs) zu beachten.

Berechnungsbeispiel des Kurzschlusstromes nach Gleichung 4.4 (Abschaltzeit ≤ 100ms)

Absicherung NH: 160 A gG
I_K = 5.000 A (Kurzschlussstrom an der Einbaustelle der SPD)
$k = 115\,\mathrm{A}\,\sqrt{\mathrm{s}}/\mathrm{mm}^2$
$t \leq 0{,}1$ s (aus Kennlinie der Schmelzsicherung ermittelt)
$S = 6\,\mathrm{mm}^2$ (Querschnitt Kupfer-Anschlussleiter)

$$I_K^2 \cdot t \leq k^2 \cdot S^2$$

$$(5.000\,\mathrm{A})^2 \cdot 0{,}1\,\mathrm{s} \leq (115\,\mathrm{A}\,\sqrt{\mathrm{s}}/\mathrm{mm}^2)^2 \cdot (6\,\mathrm{mm}^2)^2$$

$$250.000\,\mathrm{A}^2\mathrm{s} \leq 476.100\,\mathrm{A}^2\mathrm{s}$$

Zusammenfassung
Unter diesen relativ extremen Bedingungen (160 A Absicherung und 5.000 A Kurzschlussstrom) ist somit trotzdem ein Leiterquerschnitt von nur 6 mm² ausreichend, um die Leitererwärmung beim Kurzschlussfall in den vorgegebenen Grenzen zu halten. Zusätzlich sind immer die Herstellervorgaben der Überspannung-Schutzeinrichtung (SPDs) zu beachten.

Alternativ kann auch unter Beachtung des Mindestquerschnittes des Herstellers die erd- und kurzschlusssichere Verlegung angewendet werden.

Hierfür müssen die Vorgaben der DIN VDE 0100-430 und der DIN VDE 0100-520 sowie innerhalb von Schaltanlagen die Vorgaben der DIN-EN-61439-Normenreihe in ihrer jeweils aktuellen Version angewandt werden.

Folgende Bedingungen sind hierfür einzuhalten:

- Verlegung auf gesamter Länge, sodass ein Erd-/Kurzschluss nicht zu erwarten ist.
- Leiterlänge maximal 3 m.
- Der Überlastschutz muss gewährleistet sein.
- Keine Berührung von scharfen Kanten oder sonstigen Elementen mit Schädigungspotenzial.
- Der Mindestquerschnitt des Herstellers der Überspannungs-Schutzeinrichtung (SPD) ist einzuhalten.

Folgende oder gleichwertige Leitungstypen können innerhalb einer Schaltanlage verwendet werden:

- NSGAFÖU nach DIN VDE 0250-602 (VDE 0250-602)
- NSHXAÖ nach E DIN VDE 0250-606 (VDE 0250-606)
- NSHXAFÖ nach E DIN VDE 0250-606 (VDE 0250-606)
- NSHXAFCMÖ nach E DIN VDE 0250-606 (VDE 0250-606)
- Stromschienensysteme

Bild 4.40 und **4.41** zeigen die häufig in der Praxis für die Ausführung der erd- und kurzschlusssicheren Verlegung angewendete NSGAFÖU-Leitung.

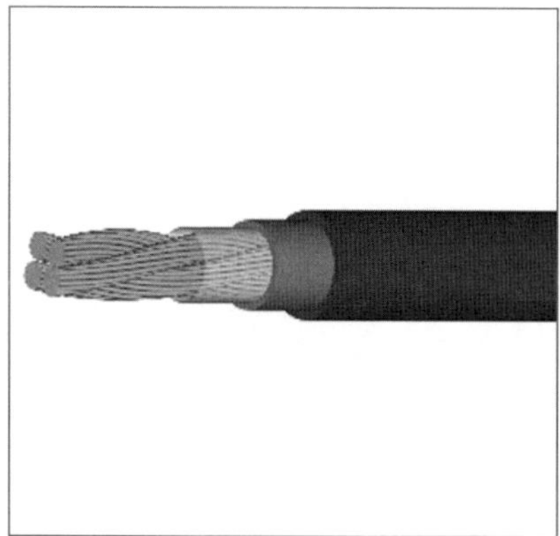

Bild 4.40 *Beispiel für eine NSGAFÖU-Leitung*

Bild 4.41 *Ausführung der erd- und kurzschlusssicheren Verlegung mit NSGAFÖU-Leitung zur Anbindung von Blitzstromableitern (SPD Typ1)*

4.11 Überprüfung von Blitzschutzmaßnahmen (Rechtsgrundlagen)

Blitzschutzanlagen dienen zum Schutz des Gebäudes und von technischen Einrichtungen bzw. von Personen und Nutztieren vor den Auswirkungen einer Blitzeinwirkung (Blitzeinschlag).

Blitzschutzanlagen sind technische Einrichtungen und unterliegen somit einer natürlichen Alterung bzw. einem Verschleiß und sind deshalb in regelmäßigen Abständen einer Überprüfung durch eine sachkundige Person (Blitzschutzfachkraft nach DIN EN 62305-3 (VDE 0185-305-3) zu unterziehen.

Zusätzlich sind heute in Gebäuden immer umfangreichere und komplexere technische Einrichtungen, Maschinen und Geräte vorhanden, die einen wirksamen Schutz gegen die Einwirkungen von atmosphärischen Entladungen benötigen.

Durch eine regelmäßige Wiederholungsprüfung des äußeren und inneren Blitzschutzes ist dessen sehr wichtige Schutzfunktion dauerhaft und zuverlässig gegeben.

Durch die Wiederholungsprüfung sollen Mängel an Überspannungs- oder/und Blitzschutzanlagen und deren zugehörigen Betriebsmitteln, die Gefahren für Personen, Tiere und Sachen in sich bergen, erkannt werden. Gleichzeitig sollte der Elektrotechniker bzw. die Blitzschutzfachkraft auch als Berater des Betreibers fungieren, indem er nützliche Hinweise zur rationellen Instandhaltung nach der Prüfung gibt.

Für die Aufrechterhaltung der Sicherheit ist der Betreiber verantwortlich.

Folgende Elemente oder Bauteile sind in der Regel im Zuge einer Überprüfung des äußeren und inneren Blitzschutzes einer Prüfung zu unterziehen:

Äußerer Blitzschutz
(Prüfung durch Blitzschutzfachkraft nach DIN EN 62305 (VDE 0185-305)

- Fangeinrichtungen, Ableitungen, Erdungsanlage
- Überprüfung der Trennungsabstände
- Dokumentation der Blitzschutzanlage
- nachträgliche Änderungen oder Erweiterungen des äußeren Blitzschutzes

Innerer Blitzschutz
(Prüfung durch im Blitzschutz geschulte Elektrofachkraft)

- Wirksamkeit des Blitzstromes und Überspannungsableiters
- Wirksamkeit des Blitzschutzpotentialausgleichs
- Wirksamkeit von Schirmungsmaßnahmen

Rechtsgrundlagen

Folgende Rechtsgrundlagen und technische Normen sind bei der Überprüfung des äußeren und inneren Blitzschutzes zu beachten:

- DGUV Vorschrift 3 (BGV A3) (Rechtsgrundlage)
- DGUV Vorschrift 4 (GUV-V 2.10) (Rechtsgrundlage)
- Baurechtliche Auflagen (Baugenehmigung) (Rechtsgrundlage)
- DIN EN 62305-3 (VDE 0185-305-3) (technische Norm)
- DIN EN 62305-3 Beiblatt 3 (VDE 0185-305-3 Beiblatt 3) (technische Norm)
- DIN VDE 0100-443 (technische Norm)
- DIN VDE 0100-534 (technische Norm)

Die Prüffristen der Arbeitsmittel sind durch den Unternehmer nach DGUV Vorschrift 1(BGV A1), Betriebssicherheitsverordnung § 3 bzw. dem Arbeitsschutzgesetz § 5 im Rahmen einer Gefährdungsbeurteilung zu ermitteln, dies gilt auch für nicht gewerbliche Arbeitgeber, wie z. B. Kommunen, Kirchen bzw. staatliche Einrichtungen.

Hierbei sind die Empfehlungen in technischen Normen, z. B. DIN EN 62305-3 (VDE 0185-305-3), zu berücksichtigen.

5 Beurteilung von Praxisfällen bezüglich der Maßnahmen des Blitz- und Überspannungsschutzes

In diesem Kapitel werden aus der täglichen Praxis des Autors diese Fachbuches als Sachverständiger für Elektrotechnik typische Beispiele von nicht fachgerecht geplanten oder/und ausgeführten elektrischen Anlagen dargestellt und nach den aktuellsten Normenvorgaben beurteilt.

Ziel dieses Kapitels ist es, die in den vorangegangenen Kapiteln aufgezeigten Sachverhalte mit der täglichen Ausführungspraxis zu verknüpfen und die Anwendung des Lernstoffes in der Praxis abzubilden sowie selbstverständlich auch in den normativen Vorgaben nicht enthaltene Sachverhalte zu würdigen und mit Lösungsansätzen zu versehen.

Es wurde versucht, die in der täglichen Praxis oft unbeliebten normativen Vorgaben und Umsetzungsempfehlungen für den Anwender praxisgerecht darzustellen, aber auch weitere Aspekte, die bei komplexeren Anlagenplanungen notwendig sind, zu berücksichtigen.

In jüngster Zeit wird nun auch von der elektrotechnischen Normung das Themenfeld des Blitz- und Überspannungsschutzes mit immer mehr technischen Standards, Normen und – für die Praxis besonders wichtig – technischen Leitfäden sowie Beiblättern zu Normen wesentlich besser abgedeckt.

Dem Praktiker fällt es häufig sehr schwer, zwischen den normativen Mindeststandards und den weiteren technischen Möglichkeiten oder auch mancher etwas zu optimistischen Aussage eines Herstellervertreters zu unterscheiden. Dies lässt sich meist jedoch schon durch einige grundlegende Betrachtungen und Analysen der wichtigsten Parameter und physikalischen Ansätze der Blitzeinwirkungen oder der zu erwartenden Schaltüberspannung ohne großen Aufwand und Normenstudium bewerkstelligen.

Deshalb wurde diese Kapitel auch unter dem Kontext erstellt, dem Praktiker ein Nachschlagewerk für tägliche praktische Anwendungen an die Hand zu geben.

Praxisbeispiel 5.1
Blitzstromableiter in der Hauptverteilung

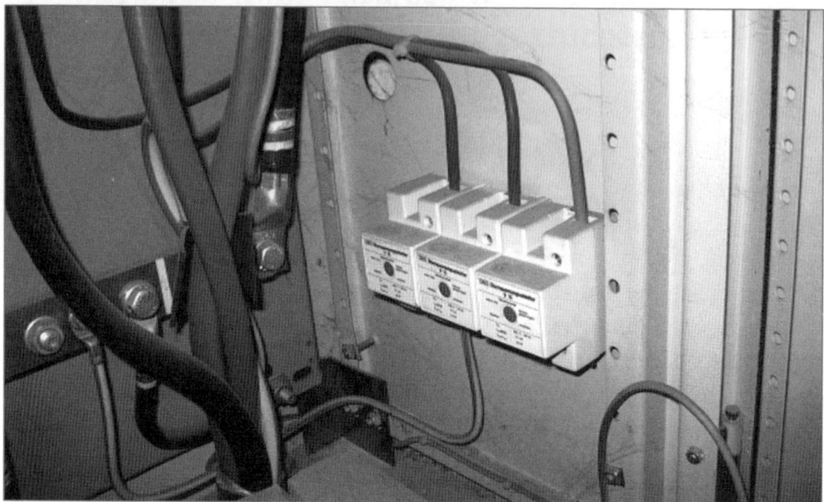

Bild 5.1 *Nicht fachgerechte Ausführung der erd- und kurzschlusssicheren Leiteranordnung zur Anbindung von Blitzstromableitern (SPD Typ 1)*

Folgende Abweichungen von den allgemein anerkannten Regeln der Technik im Bereich der Elektrotechnik und der handwerklichen Ausführungskunst sind im **Bild 5.1** erkennbar:

- Blitzstromableiter technisch überaltert.
- Leiteranordnung wurde nicht erd- und kurzschlusssicher ausgeführt
- Beim Ansprechen des Blitzstromableiters begrenzt die vorhandene Vorsicherung (500 A gG) den Netzfolgestrom (dreipoliger Kurzschlussstrom) nicht in der ausreichenden Größenordnung. Es kommt zu einer Zerstörung des Ableiters und zu einer Überlastung der Anschlussleiter.
- Die Länge der Anschlussleiter überschreitet deutlich die Maximallänge von insgesamt 0,5 m. Vom Autor wurden in diesem Fall ca. 1,2 m Leiterlänge pro Pol ermittelt, was einer wirksamen Gesamtanschlusslänge von 2,4 m entspricht (Grenzwert 0,5 m). Es wurden offensichtlich auch keine Ersatzmaßnahmen ergriffen.

Praxisbeispiel 5.2
Überspannungsableiter in einer Unterverteilung

Bild 5.2 *Nicht fachgerechter Einbau eines Überspannungsableiters (SPD Typ 2)*

Folgende Abweichungen von den allgemein anerkannten Regeln der Technik im Bereich der Elektrotechnik und der handwerklichen Ausführungskunst sind im **Bild 5.2** erkennbar:

- Überspannungsableiter (SPD Typ 2) technisch überaltert.
- Überspannungsableiter (SPD Typ 2) nicht fachgerecht montiert [wegen mechanischem Defekt der Ableiterbefestigung wurde diese völlig unzulässige Lösung (Befestigung mittels Kupferdraht) realisiert].
- Die handwerkliche Ausführung der Anschlussarbeiten wurde nicht optimal umgesetzt. Auch wenn normativ nicht ausdrücklich verboten, sollten die Aderendhülsen mit der richtigen Länge verwendet werden. Die hier verwendeten Aderendhülsen waren für die Verwendung in einer zu langen Ausführung gewählt worden und wurden nachträglich auch nicht gekürzt.

Praxisbeispiel 5.3
Blitzstromableiter im Bereich der Haupteinspeisung

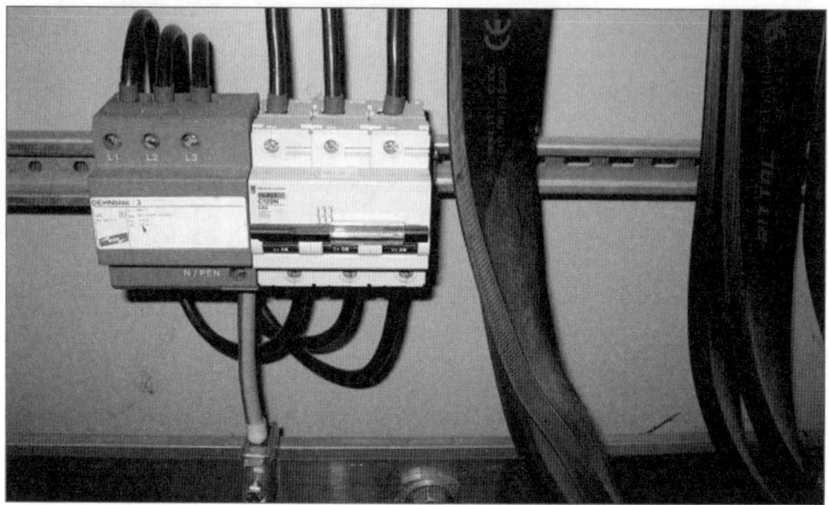

Bild 5.3 *Nicht fachgerechte Auswahl eines Leitungsschutzschalters zur Absicherung eines Blitzstromableiters (SPD Typ 1)*

Folgende Abweichungen von den allgemein anerkannten Regeln der Technik im Bereich der Elektrotechnik und der handwerklichen Ausführungskunst sind im **Bild 5.3** erkennbar:

- Der Leitungsschutzschalter (C63A 10 kA Bemessungsschaltvermögen) wurde direkt von der Haupteinspeisung versorgt (vom Autor ermittelter 3-poliger Kurzschlussstrom ca. 27 kA), somit ist das Bemessungsschaltvermögen des Leitungsschutzschalters an dieser Einbaustelle bei Weitem überschritten.

Hinweis

Die Mindestquerschnitte des Herstellers des Blitzstromableiters wurden eingehalten. Die auf dem Bild im unteren Bereich erkennbare PEN-Leiterschiene ist auch fachgerecht auf kürzestem Weg mit der Erdungsanlage verbunden, sodass die Maximallänge der Anschlussleiter eingehalten wurde und somit auch der Blitzstromableiter (SPD Typ 1) (Anschluss N/PEN) direkt mit der Erdungsanlage verbunden war.

Praxisbeispiel 5.4
Blitzstromableiter im Einspeisebereich

Bild 5.4 *Nicht fachgerechte Ausführung der Anschlussleiter zur Anbindung von Blitzstromableitern (SPD Typ 1)*

Folgende Abweichungen von den allgemein anerkannten Regeln der Technik im Bereich der Elektrotechnik und der handwerklichen Ausführungskunst sind im **Bild 5.4** erkennbar:

- Die Länge der Anschlussleiter überschreitet deutlich die Maximallänge von insgesamt 0,5 m, vom Autor wurden in diesem Fall ca. 2,2 m Leiterlänge pro Pol ermittelt, was einer wirksamen Gesamtanschlusslänge von 4,2 m entspricht (Grenzwert 0,5 m), es wurden offensichtlich auch keine wirksamen Ersatzmaßnahmen ergriffen.
- Es wurde hauptsächlich im unteren Bereich keine räumlich Trennung zwischen blitzstromführenden Leitern und anderen Leitern bzw. Systemen (Informationstechnik und Ableiterüberwachungsleitern) eingehalten, sodass ein Überkoppeln der vom Blitzstromableiter (SPD Typ 1) abgeleiteten Energie in andere Leiter oder Systeme und deren Überlastung oder Ausfall vorprogrammiert sind.

Praxisbeispiel 5.5
Kombiableiter im Steuerschrank

Bild 5.5 *Nicht fachgerechte Ausführung eines Kombiableiters (SPD Typ 1/2) im Steuerschrank*

Folgende Abweichungen von den allgemein anerkannten Regeln der Technik im Bereich der Elektrotechnik und der handwerklichen Ausführungskunst sind im **Bild 5.5** erkennbar:

- Die Länge der Anschlussleiter überschreitet deutlich die Maximallänge von insgesamt 0,5 m, vom Autor wurden in diesem Fall ca. 1,3 m Leiterlänge pro Pol ermittelt, was einer wirksamen Gesamtanschlusslänge von 2,6 m entspricht (Grenzwert 0,5 m), es wurden offensichtlich auch keine wirksamen Ersatzmaßnahmen ergriffen, da hier zwar versucht wurde die „V-Schaltung“ anzuwenden, dies aber nicht fachgerecht umgesetzt wurde (siehe weitere Mängelpunkte).
- Es wurde hauptsächlich im unteren Bereich keine räumliche Trennung zwischen Blitzstrom führenden Leitern und anderen Leitern bzw. Systemen (Informationstechnik und Steuerleitungen) eingehalten, sodass ein Überkoppeln der vom Kombiableiter (SPD Typ 1/2) abgeleiteten Energie in andere Leiter oder Systeme und deren Überlastung oder Ausfall vorprogrammiert sind.

Praxisbeispiel 5.6
DC-Ableiter Typ1/2 als Schutzgerät für einen Wechselrichter

Bild 5.6 *Nicht fachgerechte Ausführung eines DC-Ableiters Typ1/2 als Schutzgerät für einen Wechselrichter*

Folgende Abweichungen von den allgemein anerkannten Regeln der Technik im Bereich der Elektrotechnik und der handwerklichen Ausführungskunst sind im **Bild 5.6** erkennbar:

- Es wurde hauptsächlich im unteren Bereich keine räumliche Trennung zwischen Blitzstrom führenden Leitern und anderen Leitern bzw. Systemen (Informationstechnik und Steuerleitungen) eingehalten, sodass ein Überkoppeln der vom DC-Ableiter Typ1/2 abgeleiteten Energie in andere Leiter oder Systeme und deren Überlastung oder Ausfall vorprogrammiert sind.
- Die in DIN VDE 0100-520 und DIN EN 50174-2 (VDE 0800-174-2) geforderte Trennung von Systemen unterschiedlicher Spannungsbereiche (jedes Leitungssystem in einem Kabel- bzw. Leitungsführungssystem muss für die höchst vorkommende Spannung isoliert sein) und die Trennung zur Vermeidung von EMV-Störungen nach DIN EN 50174-2 (VDE 0800-174-2) wurden ausdrücklich nicht eingehalten.

Praxisbeispiel 5.7
Trennungsabstand Hochspannungs-Leuchtröhrenanlage

Bild 5.7 *Nicht eingehaltener Trennungsabstand zu einer Hochspannungs-Leuchtröhrenanlage*

Folgende Abweichungen von den allgemein anerkannten Regeln der Technik im Bereich der Elektrotechnik und der handwerklichen Ausführungskunst sind im **Bild 5.7** erkennbar:

- Es wurde der nach DIN EN 62305-3 (VDE 0185-305-3) geforderte Trennungsabstand zwischen der Blitzschutzanlage und der Hochspannungs-Leuchtröhrenanlage nicht eingehalten, und es wurden auch keine Ersatzmaßnahmen zur Beherrschung der Blitzteilströme, die hierdurch in die bauliche und elektrische Anlage eingebracht werden, ergriffen.

Praxisbeispiel 5.8
Blitzstromableiter in nicht optimaler Anordnung

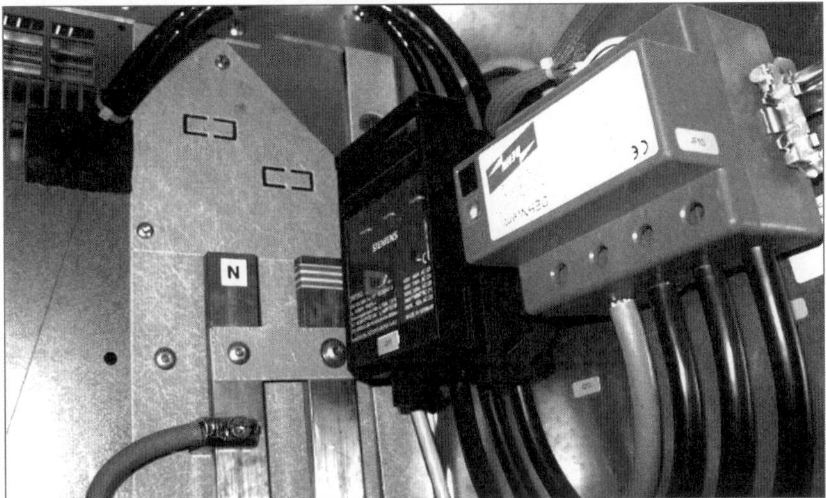

Bild 5.8 *Nicht optimale Ausführung der Anschlussleiter zur Anbindung von Blitzstromableitern (SPD Typ 1)*

Folgende Abweichungen von den allgemein anerkannten Regeln der Technik im Bereich der Elektrotechnik und der handwerklichen Ausführungskunst sind im **Bild 5.8** erkennbar:

- Die Länge der Anschlussleiter überschreitet deutlich die Maximallänge von insgesamt 0,5 m, vom Autor wurden in diesem Fall ca. 1,3 m Außenleiterlänge und 0,7 m Schutzleiterlänge der Anschlussleiter pro Pol bis zur Einspeisesammelschiene (im Bild nicht sichtbar) ermittelt, was einer wirksamen Gesamtanschlusslänge von 2,0 m entspricht (Grenzwert 0,5 m), es wurden offensichtlich auch keine wirksamen Ersatzmaßnahmen ergriffen.
- Durch diese nicht optimale Konzeption wird trotz der handwerklich hochwertigen Ausführung bei einer Blitzstromableitung durch den Blitzstromableiter (SPD Typ 1) eine erhöhte Stoßspannungsbeaufschlagung für die zu schützende elektrische Anlage erzeugt.

Praxisbeispiel 5.9
Trennungsabstand Tauben-Abwehranlage

Bild 5.9 *Nicht eingehaltener Trennungsabstand zu einer Tauben-Abwehranlage*

Folgende Abweichungen von den allgemein anerkannten Regeln der Technik im Bereich der Elektrotechnik und der handwerklichen Ausführungskunst sind im **Bild 5.9** erkennbar:

- Es wurde der nach DIN EN 62305-3 (VDE 0185-305-3) geforderte Trennungsabstand zwischen der Blitzschutzanlage und der Tauben-Abwehranlage nicht eingehalten, und es wurden auch keine Ersatzmaßnahmen zur Beherrschung der Blitzteilströme, die hierdurch in die bauliche und elektrische Anlage eingebracht werden, ergriffen.
- Die provisorische Installation der Netzzuleitung (graue Leitung) entspricht in dieser Art und Weise nicht den Vorgaben der DIN-VDE-0100-Normenreihe.

Praxisbeispiel 5.10
Trennungsabstand Außenbeleuchtung und EMA

Bild 5.10 *Nicht eingehaltener Trennungsabstand zur Außenbeleuchtung und Einbruchmeldeanlage (EMA)*

Folgende Abweichungen von den allgemein anerkannten Regeln der Technik im Bereich der Elektrotechnik und der handwerklichen Ausführungskunst sind im **Bild 5.10** erkennbar:

- Es wurde der nach DIN EN 62305-3 (VDE 0185-305-3) geforderte Trennungsabstand zwischen der Blitzschutzanlage und der Außenbeleuchtung sowie der Einbruchmeldeanlage (EMA) nicht eingehalten. Es wurden auch keine Ersatzmaßnahmen zur Beherrschung der Blitzteilströme, die hierdurch in die bauliche und elektrische Anlage eingebracht werden, ergriffen, die Installation von Trennfunkenstecken (umrandete Bereiche im Bild) ist keine wirksame Maßnahme gegen einen nicht eingehaltenen Trennungsabstand.

Praxisbeispiel 5.11
Blitzstromableiter ohne Anbindung an die Erdungsanlage

Bild 5.11 *Blitzstromableiter (SPD Typ 1) ohne Anbindung an die Erdungsanlage*

Folgende Abweichungen von den allgemein anerkannten Regeln der Technik im Bereich der Elektrotechnik und der handwerklichen Ausführungskunst sind im **Bild 5.11** erkennbar:

- Im linken unteren Bereich des Bildes ist ein Blitzstromableiter (SPD Typ 1) ohne direkte Anbindung an die Erdungsanlage vorhanden.
- Zusätzlich ist in großen Teilbereichen des Verteilers eine Überalterung des Verteilers bzw. der elektrischen Betriebsmittel erkennbar.

Praxisbeispiel 5.12
DC-Ableiter Typ 2 in nicht optimaler Anordnung

Bild 5.12 *Nicht optimale Anordnung eines DC-Ableiters Typ 2 als Schutzgerät*

Folgende Optimierungsansätze im Bereich der Elektrotechnik und der handwerklichen Ausführungskunst sind im **Bild 5.12** erkennbar:

- Es wurde hauptsächlich im unteren Bereich keine optimale räumliche Trennung zwischen Blitzstrom führenden Leitern bzw. geschützten und ungeschützten Leitern eingehalten, eine räumliche Trennung (unten ungeschützte Leiter und oben geschützte Leiter) wäre hier vorteilhaft gewesen.

Praxisbeispiel 5.13
Blitzstromableiter mit sehr begrenzter Schutzwirkung

Bild 5.13 *Blitzstromableiter (SPD Typ 1) mit sehr begrenzter Schutzwirkung*

Folgende Abweichungen von den allgemein anerkannten Regeln der Technik im Bereich der Elektrotechnik und der handwerklichen Ausführungskunst sind im **Bild 5.13** erkennbar:

- Im mittleren Bereich des Bildes ist ein Blitzstromableiter (SPD Typ 1) mit extrem ungünstiger Anordnung vorhanden. Die negative Kombination aus wirksamer Anschlussleiterlänge und der Anordnung des Blitzstromableiters (SPD Typ 1) führt zum fast völligen Aufheben der Schutzwirkung dieses Blitzstromableiters (SPD Typ 1).

Praxisbeispiel 5.14
Blitzstromableiter mit nicht fachgerechter Anbindung

Bild 5.14 *Blitzstromableiter (SPD Typ 1) mit nicht fachgerechter Anbindung*

Folgende *hauptsächliche Abweichung* von den allgemein anerkannten Regeln der Technik im Bereich der Elektrotechnik und der handwerklichen Ausführungskunst ist im **Bildern 5.14** erkennbar:

- Im unteren Bereich des Bildes (Einspeisebereich zur Versorgung einer PV-Anlage) berühren basisisolierte Leiter blanke aktive Teile (Klemmen und Sammelschiene) anderen Potentials.

Stichwortverzeichnis

Notizen